情報処理
教科書

イラストで合格!

IT パスポート キーワード 図鑑

著者 **城田比佐子**

イラスト **二階堂ひとみ**

SE
SHOEISHA

本書内容に関するお問い合わせについて

このたびは翔泳社の書籍をお買い上げいただき，誠にありがとうございます。弊社では，読者の皆様からのお問い合わせに適切に対応させていただくため，以下のガイドラインへのご協力をお願い致しております。下記項目をお読みいただき，手順に従ってお問い合わせください。

■ ご質問される前に

弊社Webサイトの「正誤表」をご参照ください。これまでに判明した正誤や追加情報を掲載しています。

正誤表　https://www.shoeisha.co.jp/book/errata/

■ ご質問方法

弊社Webサイトの「刊行物Q&A」をご利用ください。

刊行物Q&A　https://www.shoeisha.co.jp/book/qa/

インターネットをご利用でない場合は，FAXまたは郵便にて，下記"翔泳社 愛読者サービスセンター"までお問い合わせください。

電話でのご質問は，お受けしておりません。

■ 回答について

回答は，ご質問いただいた手段によってご返事申し上げます。ご質問の内容によっては，回答に数日ないしはそれ以上の期間を要する場合があります。

■ ご質問に際してのご注意

本書の対象を越えるもの，記述個所を特定されないもの，また読者固有の環境に起因するご質問等にはお答えできませんので，予めご了承ください。

■ 郵便物送付先およびFAX番号

送付先住所　〒160-0006　東京都新宿区舟町5
　　　　　　FAX番号 03-5362-3818
　　　　　　宛先（株）翔泳社 愛読者サービスセンター

はじめに

　情報処理技術者試験は，IT系唯一の国家試験です。1969年に試験制度が発足していますから歴史も長く，社会的な認知度も高いです。現在13の試験区分があり，その中でITの専門家向けではなく，ITを利活用するすべての社会人やこれから社会人となる学生さんを対象とした試験がITパスポートです。13のうちで一番易しいエントリーレベルの試験という位置づけです。

　が・・・これが易しくないんですね。ITの知識に加えて，経営などの知識も要求されます。社会人としての基礎的な知識とはいえ，新しい用語も多く，これらを全部きちんと覚えるのはかなり大変です。そもそも理解できない単語も多いです。スマホで調べても，何のことやらさっぱり分からない。例えば「オープンイノベーション」を調べると，ウィキペディアでは「オープンイノベーション（英：open innovation, OI）とは，自社だけでなく他社や大学，地方自治体，社会起業家など異業種，異分野が持つ技術やアイディア，サービス，ノウハウ，データ，知識などを組み合わせ，革新的なビジネスモデル，研究成果，製品開発，サービス開発，組織改革，行政改革，地域活性化，ソーシャルイノベーション等につなげるイノベーションの方法論である。」とあります。ビジネスモデル？ソーシャルイノベーション？何だかピンときません。

　本書はITパスポートで出題される用語を厳選し，それに解説とともに，分かりやすいイラストを付けました。正確ではないかもしれないけれど，ザックリとしたイメージを把握し「そういうことだったのかぁ」と感じてもらえるように工夫しています。イメージがつかめれば，覚えることが容易になりますし，忘れにくくなります。各用語に〇×式の問題を付け，更に章末には本試験の問題を何題か掲載しています。

　本書を利用して，一人でも多くの方がITパスポート試験に合格して下さるように，またITや新しい技術に興味をもっていただけることを願っています。

　最後に，とても的確でかつ可愛らしいイラストを描いて下さった二階堂ひとみさんに感謝いたします。

2020年12月
城田比佐子

目　次

第 1 章　IoTとAI …… 015

第 2 章　ネットワーク …… 047

第 3 章　セキュリティ ･･･････････････････････ 075

第 4 章　コンピュータ基礎 ·· 125

第 9 章　システム開発と運用 …………………………………… 247

付 録　データの活用 …………………………………………… 281

ITパスポートとは

　ITパスポート試験は，「職業人が共通に備えておくべき情報技術に関する基礎的な知識をもち，情報技術に携わる業務に就くか，担当業務に対して情報技術を活用していこうとする者」を対象とした国家試験で，2009年4月から実施されています。他の情報処理技術者試験と同じく，情報処理推進機構（IPA)が実施し，経済産業省が認定します。ITの専門家というだけでなく，一般の社会人・学生に向けた試験です。

　具体的には，新しい技術（AI，ビッグデータ，IoTなど）や新しい手法（アジャイルなど）の概要に関する知識をはじめ，経営全般（経営戦略，マーケティング，財務，法務など）の知識，IT（セキュリティ，ネットワークなど）の知識，プロジェクトマネジメントの知識など幅広い分野の総合的知識が問われます。

　ITパスポートはCBT（Computer Based Testing）方式で行われます。CBT方式とは，コンピュータ（パソコン）を利用する試験方式です。といっても，パソコンの操作を要求されているわけではありません。パソコンに表示された試験問題に対して，マウスとキーボードを使って解答します。要するにマークシートの代わりに，マウスを使ってクリックで答えると思ってください。CBTのいい点は，①随時試験（いつでも受験できる試験）であること，②結果が受験後すぐに確認できること，③試験の申込み，成績の確認がWebサイト上でできることです。

ITパスポート概要

受験資格	制限なし
試験実施日	随時。試験会場ごとに試験日及び試験開始時間が異なる
試験地・試験会場	全国47都道府県で実施。試験会場は，受験申込手続の中で選択可能
受験手数料	5,700円（税込）
受験申込手続	ITパスポート試験のサイトから希望する試験日時，会場を選択。
試験結果	受験終了後，その場で確認可能。試験終了後は「ITパスポート試験」サイトから確認可能

ITパスポート試験の試験内容

試験時間	120分
出題数	小問：100問※1
出題形式	四肢択一式
出題分野	①ストラテジ系（経営全般）：35問程度 ②マネジメント系（IT管理）：20問程度 ③テクノロジ系（IT技術）：45問程度
合格基準	総合評価点，分野別評価点のすべてが次の基準を満たすこと ＜総合評価点＞600点以上／1,000点（総合評価の満点） ＜分野別評価点＞ ・ストラテジ系 300点以上／1,000点（分野別評価点の満点） ・マネジメント系 300点以上／1,000点（分野別評価点の満点） ・テクノロジ系 300点以上／1,000点（分野別評価点の満点）
試験方式	CBT（Computer Based Testing）方式※2 受験者はコンピュータに表示された試験問題に対して，マウスやキーボードを用いて解答します。
採点方式	IRT（Item Response Theory：項目応答理論）に基づいて解答結果から評価点を算出

※1：　総合評価は92問，分野別評価はストラテジ系32問，マネジメント系18問，テクノロジ系42問で行います。
　　　残りの8問は今後のITパスポート試験で出題する問題を評価するために使われます。
※2：　身体の不自由等によりCBT方式で受験できない方のために，春期（4月）と秋期（10月）の年2回，筆記による方
　　　式の試験が行われます。

（出典：「試験内容・出題範囲」https://www3.jitec.ipa.go.jp/JitesCbt/html/about/range.html）

　ここにある情報は2020年12月現在の情報です。最新の状況や試験の詳細については，

下記の公式サイトを確認してください。

● 情報処理技術者試験
　https://www.jitec.ipa.go.jp/
● ITパスポート試験
　https://www3.jitec.ipa.go.jp/JitesCbt/
● ITパスポートコールセンター
　TEL：03-6204-2098　問合せ時間：8:00 〜 19:00（年末年始等の休業日を除く）
　メール：call-center@cbt.jitec.ipa.go.jp

本書の使い方

　本書はITパスポート試験の合格を目指す人に向けて，159＋5の重要用語を軸にイラストと問題で無理なく楽しく学習できるようにしています。

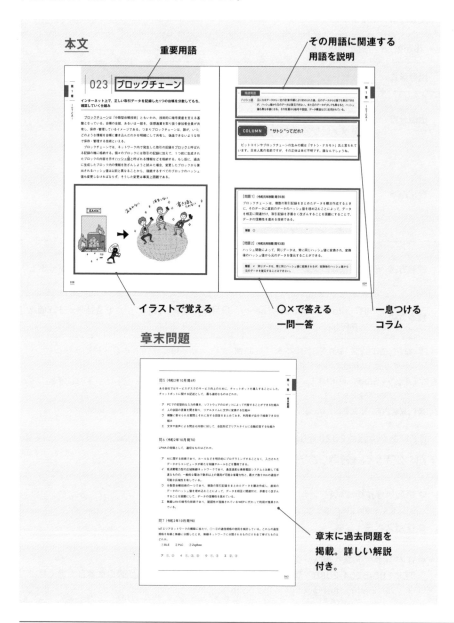

■ 用語の選定基準

本書で取り上げている用語は次の基準で用語を選定しています。

・過去22回の試験における頻出用語

・シラバス4.0[※3]の用語

・シラバス5.0[※4]の用語

[※3] 2018年8月にプレスリリースされ，2019年4月を目途に出題を全体の1/2分の1程度まで高めるとされていた。実際，最近の試験では，ここで追加された用語からの出題がかなり多くなっている。

[※4] 2020年9月にプレリリースされた。出題比率などは明記されていないが，2021年4月の試験から準拠とされている。

■ 本書での学習方法

本書は様々な使い方ができるようにしてあります。どの使い方をするにせよ，ITパスポート試験合格を目標とするのであれば，読んだページは印をつけておくといいですね。

[方法1] 辞書として使う

試験センターのホームページから過去問題をダウンロードして，解いてみましょう。分からない用語が出てきたら，本書で検索して下さい。

[方法2] 読み物として使う

最初からでなくていいです。興味のある章から，あるいはパラッと広げたところから読んでみましょう。各項目は独立していますから，どこからでも読んでいただけます。

[方法3] 参考書として使う

最初から読んでいきましょう。納得できたら，各項目の○×問題を解きます。1章終わったら，章末問題も解きましょう。

[方法4] 絵本として使う

イラストを眺めます。これって何のことだろうと思ったら，用語を読んで下さい。案外これが一番頭に残るかもしれません。

第 1 章

IoTとAI

001 | IoT
アイオーティ
(Internet of Things)

あらゆるモノをインターネットに繋ぐ

　コンピュータ以外の「モノ」もインターネットに接続して通信すること。温度計・湿度計をエアコンと繋いで快適な室温を保つ，ネコの首輪とスマートウォッチをつないでペットの居場所を知る，土壌にセンサをつけて自動で水やりを行う，など様々な応用事例が考えられる。すでに生産現場・自動車・介護など実用化されているものも多い。

【問題】（令和元年秋期 問3改）

IoTの事例として，オークション会場と会員のPCをインターネットで接続することによって，会員の自宅からでもオークションに参加できることがあげられる。

　解答　✕　問題文は「ライブコマース」の事例。

002 | センサ

音・光・温度・圧力・流量などを検知し信号に変える装置

IoT（モノのインターネット）における「モノ」はIoTデバイスと呼ばれる。テレビ，デジカメ，照明，電気のメータなどいろいろな「モノ」にはセンサが取り付けられている。例えば，温度を感知したセンサがエアコンと連動したり，動きを感知したドアがスマートフォンに通知したりする。人間の五感をキャッチする目，耳，皮膚，鼻，舌の代わりになる装置と思えばよい。

音響センサ　におい　センサ　光センサ　味覚センサ　変位センサ

【問題】（平成30年秋期 問90改）

バイオメトリクス認証の例として，ATM利用時に，センサに手のひらをかざし，あらかじめ登録しておいた静脈のパターンと照合させることによって認証する方式がある。

解答　○　なお，「バイオメトリクス認証」については066を参照。

003 | IoT エリアネットワーク
アイオーティ

IoT デバイスをインターネットに接続するためのネットワーク

IoT を実現するためのネットワークは，次の2つに大別できる。

- **IoT エリアネットワーク**：家庭や工場など，狭い範囲でのネットワーク
- **WAN**（Wide Area Network）：都市など，より広い範囲でのネットワーク（→026）

特に膨大な数の IoT デバイスをネットワークに接続する必要があるのが IoT エリアネットワークである。無線・有線の両方があるが，**無線 LAN**（Local Area Network）が接続デバイスの多さや自由度から多く使われる。低速でも省電力であるような通信方式が求められる。

【問題】（オリジナル）

IoT エリアネットワークには，高速大容量の光ファイバー通信がよく用いられる。

....

解答　✕　IoT エリアネットワークに一番多く用いられるのは無線 LAN である。

004 | LPWA
エルピーダブリュエー
(Low Power Wide Area)

なるべく消費電力を抑えて遠距離通信を実現する通信方式

IoTの目的は「遠くに離れたモノや，現場で起こっているコトをディジタル化する」ことであるが，これを実現するためには，あらゆる場所にデバイスを配置し通信する必要がある。この時の課題の1つが電力となる。電力が確保しづらい環境ではバッテリーで稼働させる必要があるが，大容量なバッテリーはコストがかかり過ぎる。この問題を解決する，小量のデータを長時間にわたって，長距離伝送可能な通信方式を総称してLPWAという。

【問題】（平成31年春期 問86改）

IoT端末で用いられているLPWA（Low Power Wide Area）の技術を使った無線通信は，無線LANと比べると，通信速度は遅く，消費電力は少ない。

. . . .

解答　○

005 | BLE
ビーエルイー
(Bluetooth Low Energy)

無線通信の規格BluetoothのLPWAバージョン

BLEは，無線通信のBluetooth（ブルートゥース）の規格の一部で，2009年に発表されたBluetooth 4.0で追加された。低電力消費・低コスト化に特化した規格である。ただし，それまでのBluetooth規格とは互換性がない。

IoTデバイスの中では，センサやマイコンでの電力よりも，無線モジュールの通信に桁違いに大きな電力を消費するので，IoTデバイスの電池寿命を延ばすためには無線部分の消費電力削減が必須になっている。

関連用語

ZigBee（ジグビー）　低電力消費・低コスト化でワイヤレスセンサネットワーク構築に適した無線通信規格の1つ。BLEよりもスリープ（節電のために待機している状態）からの復帰時間が短いメリットがある。ミツバチ（Bee）がジグザグに（Zig）飛び回るイメージで名付けられた。

【問題】（オリジナル）
BLEは赤外線を利用して実現される無線通信であり，テレビ，エアコンなどのリモコンに使われる。

....

解答　×　BLEは低消費電力で低速の無線通信の規格。テレビ，エアコンなどのリモコンには赤外線が使われている。

006 エッジ コンピューティング

利用者や端末と物理的に近い場所にサーバを置く技術

　従来のように大きなコンピュータやサーバにデータを集約・処理するだけではなく，利用者に近いエリア（エッジ側）でデータを処理する方式である。

　IoTの普及に伴い，より多くのデバイスがネットワークを通じて接続し，膨大なデータがディジタル化され，収集・蓄積され処理されるようになった。これらの収集されたデータをネットワークの向こう側にあるコンピュータに転送し，蓄積し処理する場合，ネットワークの遅延や障害なども生じる。そこで，データを収集する端末機器や，そこから通信経路の近いエリアで一時処理することで，負荷の分散や通信の混雑解消などの狙いがある。

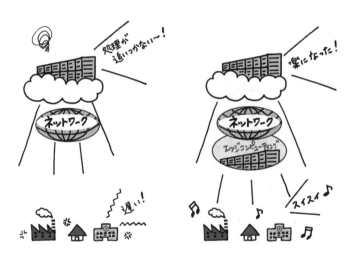

【問題】（オリジナル）

エッジコンピューティングはIoTデバイスとIoTサーバ間の通信負荷の状況に応じて，ネットワークの構成を自動的に最適化する技術である。

　　解答　×　エッジコンピューティングはIoTデバイス群の近くにコンピュータを配置する技術。問題文は「SDN（Software Defined Networking）」の説明である。

007 | データサイエンス

ビッグデータを分析し有益な結論を導き出す研究

インターネットやIoTにより，膨大な量のデータ（**ビッグデータ**）が収集できるようになった。分野の専門知識，プログラミングのスキル，数学および統計の知識を組み合わせて，これを分析することにより，役に立つ結論を導き出す。

今まで企業が扱ってきた会計系や財務系，顧客情報というような「基幹系」と呼ばれるようなシステムに保管してあるデータだけではなく，商品のレビューやSNSのつぶやきのような文字データや，人間や動物の顔といった画像のデータまで扱う。

これを専門に扱う要員は，**データサイエンティスト**と呼ばれる。

【問題】（令和元年秋期 問23改）

統計学や機械学習などの手法を用いて大量のデータを解析して，新たなサービスや価値を生み出すためのヒントやアイディアを抽出する人材をデータサイエンティストという。

....

解答　○

008 テキストマイニング

アンケートの自由回答やSNSや業務上の日誌などの自由回答データを分析するための手法

テキスト（Text）とは「文字列」である。マイニング（Mining）とは，統計学や人工知能を大量のデータに適用して知識を取り出す技術である。**テキストマイニング**は，文字列を対象とした**データマイニング**ということになる。通常の文章からなるデータを単語や文節で区切り，それらの「出現の頻度」や「一緒に使われる割合」「出現傾向」「時系列」などを解析することで有用な情報を取り出す。

Twitter や Facebook などネット上にある膨大なテキストデータから，株価など不規則に変動するものや商品の需要など「将来の予測」に役立てる。

【問題】（平成23年特別 問9改）

テキストマイニングの事例として，ある商品と一緒に買われることの多い商品を調べることが挙げられる。

解答　×　問題文は「データマイニング」の事例。

009 ビーコン

信号を発信して位置情報を知らせる発信機

ビーコンにはもともとは灯台やのろし，水路・航空・交通標識といった意味がある。IT業界では，BLE（→005）を利用した新しい位置特定技術，またはその技術を利用したデバイスを指す。例えば世界的にヒットしたスマートフォンアプリ「Pokémon GO（ポケモンゴー）」，館内の作品に近づくとその作品の情報を説明してくれる音声ガイド，来店するとクーポンなどが配信される「LINE Beacon（ラインビーコン）」などがある。

似た用語としてGPSがある。GPSは人工衛星を発信源としているため，広範囲で受信を行うことができるが，建物の中や地下だと電波が遮断されて受信できなくなる。ビーコンは機器に発信源があるため，ある程度の距離内しか受信することができないが，建物の中や地下でも受信できる。

【問題】（オリジナル）

カーナビゲーションはビーコンを利用している。

解答　×　カーナビゲーションは，位置情報を人工衛星からGPS機能でキャッチしている。

010 | コネクテッドカー

常時インターネット接続されている自動車

　インターネットに常時接続し，情報通信端末としての機能を兼ね備えている自動車。日本においても総務省が研究会を発足させ，事故時に自動的に緊急通報を行うシステムや，走行実績に応じて保険料が変動するテレマティクス（→011）保険，盗難時に車両の位置を追跡するシステムなど，すでに実用化が始まっている。

　近い将来にはドライブ中に現在空いている駐車場を検索したり，リアルタイムの交通状況から最適なルートを検索したりといった車が多く見られるようになるだろう。交通事故も減少するといわれている。

　一方デメリットとして，サイバー攻撃が危惧されている。

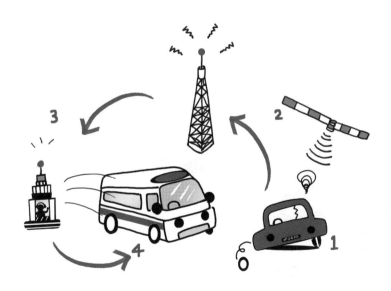

【問題】（オリジナル）

コネクテッドカーは，インターネットへの常時接続機能を具備した自動車である。

....

　解答　○

011 テレマティクス

自動車などの移動体に通信システムを組み合わせて情報サービスを提供する新しい技術

テレマティクス（Telematics）は，通信（Telecommunication）と情報科学（Informatics）を組み合わせた造語である。従来からのカーナビゲーションシステムはGPS（→009）を利用して，自動車の現在位置を把握し，目的地までの経路表示などを行っている。これに通信システムを搭載することにより，インターネットを使ってリアルタイムな渋滞情報や天候情報などを提供できる。

例えば，カーナビで目的地に向かう場合，目的地までのルートの道路状況は日々異なる。場合によっては工事中で通行止めになっていたり，渋滞が発生していたりするかもしれない。テレマティクスにより，道路に関する様々な情報を取得できるため，通行止めの道路や渋滞を自動で回避するなど，快適に目的地へ向かうことが可能となる。

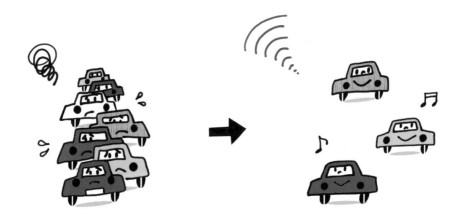

【問題】（オリジナル）

テレマティクスでは，情報を迅速に提供するために，DVDやBlu-ray Discを利用する。

··

　解答　×　インターネットを利用して双方向通信する。

012 | アクチュエータ

電気や空気圧などのエネルギーを物理的な「動き」に変換する装置

　アクチュエータは，電気・空気圧・油圧などのエネルギーを機械的な動きに変換し，機器を動かす駆動装置（動き方を変える機械）のことである。アクチュエータの一種であるモータと駆動機構の組み合わせによって，回転運動や直線運動，らせん運動等に変換することが可能になり，様々な装置の駆動源となる。

　IoTは，「センサ」「ネットワーク」「コンピュータ」「アクチュエータ」という要素によって，リアルの世界の動きを制御する。例えば空き巣が侵入してきたことを検知したら防犯ベルを鳴らして警察や警備会社に通報する。この最後の防犯ベルを鳴らす，という動きを担うのがアクチュエータといえる。

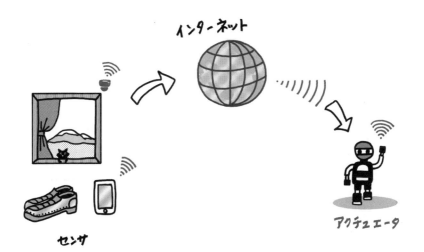

インターネット

センサ

アクチュエータ

【問題】（オリジナル）

PCに接続されている周辺機器を制御，操作するためのソフトウェアをアクチュエータという。

....

　解答　×　問題文は「デバイスドライバ」の説明である。

013 | スマートファクトリー

工場をAIやIoTなどの最先端のテクノロジーで省力化して総合的に管理する構想

スマートファクトリーは製造現場をITによって省力化するとともに品質を向上させる取組みといえる。具体的には，ロボットを使って作業を自動化し，人間に負荷のかかる重労働を代替したり，常時接続されたセンサからの情報を蓄積，分析して故障の検知などに活用したりする。AIを利用することで，熟練工の作業手順を機械に覚えさせるなどもその一例である。設備同士ないし設備と人が協調して動作することにより実現する。

関連用語

インダストリー4.0　製造業におけるオートメーション化およびデータ化・コンピュータ化を目指すドイツ発祥の技術的コンセプト。「第4次産業革命」とも言われる。

【問題】（オリジナル）

コンピュータを用いて工場機械の自動化を行うのがインダストリー4.0である。

解答　×　問題文にある単純な自動化は第3次産業革命である。インダストリー4.0は人間からの指示がなくても機械が自ら動く「自律化」を目指す試みといえる。

014 | IoT システム

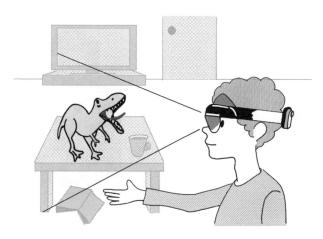

身近な機器にもIoTを利用したシステムが活用されている

製造業，流通業，建設業など様々な業種業界の企業が，IoTシステムを利用した新しいビジネスを展開し始めている。私たちの身の回りにも活用事例が増えている。

- **スマートスピーカ**：内蔵されているマイクで音声を認識し，情報の検索や連携家電の操作を行うスピーカ。「Amazon Echo」や「Google Home」が有名。
- **スマートグラス**：現実にディスプレイ上のディジタル情報を重ねて表示するメガネ型の**ウェアラブルデバイス**（衣類のように身体に装着して持ち歩くことができるデバイス）。
- **ARグラス/MRグラス**：AR（Augmented Reality）は拡張現実，MR（Mixed Reality）は複合現実と訳される。現実空間にある壁や床などをカメラやセンサで認識し，ディジタル情報を重ねて表示できるメガネ型のウェアラブルデバイス。

【問題】（令和2年10月 問14改）

スマートウォッチで血圧や体温などの測定データを取得し，異常を早期に検知することはウェアラブルデバイスを用いている事例である。

解答　○

015 | IoT セキュリティ
ガイドライン

アイオーティ

新しいネットワーク上の脅威に対処するために経済産業省と総務省が示したガイドライン

IoT機器へのサイバー攻撃については，これまでの脅威以上に危険がある。機器の種類や台数が膨大であり，それぞれにIDやパスワードがある。それが初期設定のままだったりソフトウェアの更新がおろそかだったりすると，不正アクセスの被害にあう可能性が高まる。監視カメラならばその映像をのぞき見できるし，そこからさらにネットワークを通してデータを盗むこともできる。

現状ではこの脅威に対する効果的な対策はない状態といえる。**IoTセキュリティガイドライン**は現状認識の手助けとなるとともに，ユーザ企業・提供側ITの役割分担と協力についての指針を示している。

【問題】（オリジナル）

「IoT セキュリティガイドライン」では，セキュリティ対策をボトムアップで進めることを推奨している。

解答 ×　IoTへの攻撃は企業の存続にも影響するので，トップダウンで対策を進めることを推奨している。

016 | AI
エーアイ
(Artificial Intelligence)

人の知的な活動（話す，判断する，認識するなど）を自動化する技術

　AIは日本語では人工知能と訳される。AIの定義は，専門家の間でもまだ定まっていないのが現状である。

　たとえばドラえもんや鉄腕アトムをイメージする人もいるが，それらは強いAIや汎用人工知能と呼ばれ，実用にはまだまだほど遠い段階である。一方，「名人に勝つコンピュータ将棋」や「室内にいる人の体温や状態を見て快適な温度に調整するエアコン」などは弱いAIや特化型人工知能と呼ばれ，実用化が進んでいる。

　この実用化されているAIの特徴は機械学習（→017）といえる。これまでのコンピュータは，プログラムによって，人間が考える道筋や理屈（アルゴリズムという）を指示していたが，それを自分で学習していくイメージである。

【問題】（平成31年春期 問23改）

プロの棋士に勝利するまでに将棋ソフトウェアの能力が向上した。この将棋ソフトウェアの能力向上の中核となった技術がAIである。

解答　○

017 | 機械学習

コンピュータが自動で学習すること

　機械（主としてコンピュータ）に大量のデータからパターンやルールを発見させ，それを様々な物事に利用することで判別や予測をする技術。丸暗記で覚えるというわけではなく，沢山のデータからある事象の傾向・クセといった「特徴」を捉えて，それを次回以降にも利用できる「法則」として判断に利用する。人間は子供の頃から普通にやっていることである。

これは
アライグマだね・・・

【問題】（令和元年秋期 問43改）

機械学習の例として，商品の販売サイトで，利用者が求める商品の機能などを入力すると，その内容に応じて推奨する商品をコンピュータが会話型で紹介してくれる機能があげられる。

....

　解答　×　問題文は「チャットボット」（→024）の事例。

018 教師あり学習と教師なし学習

正解を与えるのが教師あり学習，正解なしにデータを与えるのが教師なし学習

例えば「これは猫の写真」といって，猫の写真を大量にコンピュータに入力して，猫の特徴を認識させるのが**教師あり学習**である。何もいわずに，大量の動物の写真をコンピュータに入力し，コンピュータが自動で特徴を認識して分類するのが**教師なし学習**である。コンピュータ（AI）は共通項をもつジャンルに区分したり，頻出パターンを見つけ出したりしていき，最終的には「これは猫」というラベルをつけるが，基本的には自動で分類していく。

教師あり学習

教師なし学習

【問題】（オリジナル）

教師あり学習では，コンピュータに対して人間（教師）が判断基準を与え，データを分類する。

....

解答 ×　ラベルは与えるが，特徴を認識して判断基準を見つけ出すのはAIが自動で行う。

019 ディープラーニング

十分なデータ量があれば，機械が自動的にデータから特徴を抽出してくれる学習のこと

ディープラーニングでは自動で特徴を分類し，アルゴリズムを用いて人間には識別できない特徴のかたまりを認識していく。例えば友達の「顔」の特徴を述べよと言われても，具体的に言葉に表すのは難しい。人間が，言語化したり定義したりしにくいような，細かな特徴もコンピュータならではの処理能力と細かさで，抽出できるようになる。その結果として，変顔の写真でも友達と認識してくれる。

こういったことから，ディープラーニングの技術は画像認識，音声認識の分野で研究や実装が一足先に進んでいる。

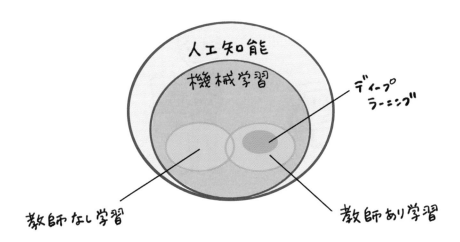

【問題】（令和元年秋期 問21改）

ディープラーニングとは，コンピュータなどのディジタル機器，通信ネットワークを利用して実施される教育，学習，研修の形態である。

解答　×　問題文は「e-ラーニング」に関する記述。

020 ニューラルネットワーク

人間の脳の情報処理ネットワークを真似したコンピュータの仕組み

　ディープラーニングのプロセスを図に表すと，人間の脳（大脳皮質）のモデルと非常に似ている。人間の脳には，千数百億個とも言われる神経細胞（ニューロン）があり，この大量のニューロンが連携して電気信号をやり取りすることによって思考，認識などの処理が行われている。

　人がリンゴを見ると，まず，リンゴからの光が目の網膜に届く。その光が電気信号に変換される。それが視神経に伝達され，そこから脳の視覚野にある神経細胞まで大量のニューロンが電気信号のリレーをすることによって，初めてリンゴと認識できる。こういった脳機能のいくつかをコンピュータ上で表現するために作られた数学的モデルが**ニューラルネットワーク**である。

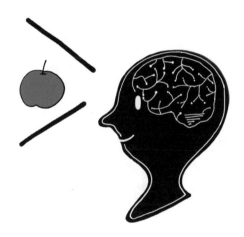

【問題】（オリジナル）

ニューラルネットワークは，人の脳の神経回路網に見られる特性を，コンピュータシミュレーションによって表現することを目指したモデルである。

解答　○

021 | フィンテック

最新テクノロジーを活用した新しい金融サービス

フィンテックはFinance（金融）とTechnology（技術）を組み合わせた造語であるが，定義が正確に決まっているわけではない。適用分野は，下記のように多岐にわたっている。

- QRコード・バーコードを使ったスマホ決済や，アプリユーザ間であれば手数料無料で送金できる○○Payサービス（→104）
- 紙幣・硬貨のような現物ではなく，電子データでやりとりされる暗号資産（仮想通貨）（→022）
- Webやアプリ上で簡単に投資できる投資・資産運用のための分析ツールサービス
- AIを利用した資金運用や融資

最近では主にITを活用した新しい金融サービスや動きを指していることが多い。

【問題】（令和元年秋期 問18改）

フィンテックとは，銀行などの預金者の資産を，AIが自動的に運用するサービスを提供するなど，金融業においてIT技術を活用して，これまでにない革新的なサービスを開拓する取組を示すことである。

解答 ○

022 | 暗号資産（仮想通貨）
あんごうしさん（かそうつうか）

インターネットを通じて不特定多数の間で商品等の対価として使用できるデータとしての資産

　暗号資産とは，銀行等の第三者を介することなく，財産的価値をやり取りすることが可能な仕組みである。代表的な暗号資産には，**ビットコイン**や**イーサリアム**がある。

　暗号資産は，国家やその中央銀行によって発行された，法定通貨ではない。また，裏付け資産を持っていないことなどから，利用者の需給関係などの様々な要因によって，暗号資産の価格は大きく変動する。

　当初は，**仮想通貨**と呼ばれていたが，円やドルなどの法定通貨と誤解される恐れがあるため，金融庁は資金決済法を改正して，呼称を暗号資産に変更している。

【問題】（オリジナル）

暗号資産とは，情報資産をセキュリティ上の脅威から保護するために，暗号化を施すことである。

....

　解答　×　情報資産の暗号化と暗号資産は直接関係がない。

023 | ブロックチェーン

インターネット上で，正しい取引データを記録した1つの台帳を分散してもち，確認していく仕組み

　ブロックチェーンは「分散型台帳技術」ともいわれ，技術的に暗号資産を支える基盤となっている。台帳の全部，あるいは一部を，仮想通貨を取り扱う参加者全員が共有し，保存・管理しているイメージである。つまりブロックチェーンは，誰が，いつ，どのような情報を台帳に書き込んだのかを明確にして共有し，偽造できないような形で保存・管理する技術といえる。

　ブロックチェーンでは，ネットワーク内で発生した取引の記録を**ブロック**と呼ばれる記録の塊に格納する。個々のブロックには取引の記録に加えて，1つ前に生成されたブロックの内容を示す**ハッシュ値**と呼ばれる情報などを格納する。もし仮に，過去に生成したブロック内の情報を改ざんしようと試みた場合，変更したブロックから算出されるハッシュ値は以前と異なることから，後続するすべてのブロックのハッシュ値も変更しなければならず，そうした変更は事実上困難である。

関連用語

ハッシュ値　元になるデータから一定の計算手順により求められた値。元のデータからは誰でも算出できるが，ハッシュ値から元のデータは復元できない。また元のデータが少しでも異なると，ハッシュ値も異なる値になる。その性質から暗号や認証，データ構造などに応用されている。

COLUMN　"サトシ"ってだれ?

　ビットコインやブロックチェーンの生みの親は「サトシ・ナカモト」氏と言われています。日本人風の名前ですが，その正体は未だ不明です。誰なんでしょうね。

【問題1】（令和元年秋期 問59改）

ブロックチェーンは，複数の取引記録をまとめたデータを順次作成するときに，そのデータに直前のデータのハッシュ値を埋め込むことによって，データを相互に関連付け，取引記録を矛盾なく改ざんすることを困難にすることで，データの信頼性を高める技術である。

　解答　○

【問題2】（令和元年秋期 問93改）

ハッシュ関数によって，同じデータは，常に同じハッシュ値に変換され，変換後のハッシュ値から元のデータを復元することができる。

　解答　×　同じデータは，常に同じハッシュ値に変換されるが，変換後のハッシュ値から元のデータを復元することはできない。

024 | チャットボット

人工知能を活用した「自動会話プログラム」

chat（対話）とbot（ロボット）を合わせた造語である。人工知能を組み込んだコンピュータが人間に代わって対話する。

LINEやFacebook，TwitterなどのSNSや，Google Home や Amazon Echo などのAIスピーカにも実用化されている。ビジネス向けには経費精算システムなどに対話型のユーザインターフェースとして採用されているケースもある。しかし，現状では人間のコンシェルジュのように完璧な（期待を上回るような）対応ができるまでには至っていない。近い将来，レストランやタクシー，ホテル，航空券の予約は，秘書や執事のようにチャットボットに依頼するだけですむようになることが期待されている。

【問題】（平成31年春期 問46改）

ユーザがWeb上の入力エリアに問合せを入力すると，システムが会話形式で自動的に問合せに応じる仕組みをFAQという。

解答 × 問題文は「チャットボット」の説明。FAQは「Frequently Asked Questions」の略で，繰り返し質問される項目とその質問への回答をまとめたものである。

025 | デジタルトランスフォーメーション（ＤＸ）

ディーエックス

「ITの浸透が，人々の生活をあらゆる面でより良い方向に変化させる」という概念

発祥は2004年，スウェーデン・ウメオ大学のエリック・ストルターマン教授が提唱した概念である。トランスフォーメーションは「変革」という意味合いをもつ。具体的には，次のような変革ととらえられている。

- 従来なかった製品・サービス，ビジネスモデルを生み出す
- 業務そのものを見直し，働き方に変革をもたらす

ディジタル技術を浸透させることで，私たちの暮らしがもっとよくなる，という方向性といえる。

【問題】（オリジナル）

デジタルトランスフォーメーションとは，生まれたときから，パソコンやスマートフォンおよびインターネットなどがそばにあり，電子機器を利活用することが当たり前の環境の中で育った世代のことである。

解答 × 問題文は「ディジタルネイティブ」に関する記述である。

問1（令和2年10月 問8）

電力会社において，人による検針の代わりに，インターネットに接続された電力メータと通信することで，各家庭の電力使用量を遠隔計測するといったことが行われている。この事例のように，様々な機器をインターネットに接続して情報を活用する仕組みを表す用語はどれか。

ア　EDI　イ　IoT　ウ　ISP　エ　RFID

問2（令和2年10月 問14）

ウェアラブルデバイスを用いている事例として，最も適切なものはどれか。

ア　PCやタブレット端末を利用して，ネットワーク経由で医師の診療を受ける。
イ　スマートウォッチで血圧や体温などの測定データを取得し，異常を早期に検知する。
ウ　複数の病院のカルテを電子化したデータをクラウドサーバで管理し，データの共有を行う。
エ　ベッドに人感センサを設置し，一定期間センサに反応がない場合に通知を行う。

問3（令和2年10月 問19）

ディープラーニングを構成する技術の一つであり，人間の脳内にある神経回路を数学的なモデルで表現したものはどれか。

ア　コンテンツデリバリネットワーク
イ　ストレージエリアネットワーク
ウ　ニューラルネットワーク
エ　ユビキタスネットワーク

問4（令和2年10月 問32）

ある会社のECサイトでは，利用者からのチャットでの多様な問合せについて，オペレータが対応する仕組みから，ソフトウェアによる自動対応に変更した。このとき，利用者の過去のチャットの内容などを学習して，会話の流れから適切な回答を推測できる仕組みに変更するために使われた技術として，最も適切なものはどれか。

ア　AI　イ　AR　ウ　CRM　エ　ERP

問5（令和2年10月 問49）

ある会社ではサービスデスクのサービス向上のために，チャットボットを導入することにした。チャットボットに関する記述として，最も適切なものはどれか。

ア　PCでの定型的な入力作業を，ソフトウェアのロボットによって代替することができる仕組み
イ　人の会話の言葉を聞き取り，リアルタイムに文字に変換する仕組み
ウ　頻繁に寄せられる質問とそれに対する回答をまとめておき，利用者が自分で検索できる仕組み
エ　文字や音声による問合せ内容に対して，会話形式でリアルタイムに自動応答する仕組み

問6（令和2年10月 問70）

LPWAの特徴として，適切なものはどれか。

ア　AIに関する技術であり，ルールなどを明示的にプログラミングすることなく，入力されたデータからコンピュータが新たな知識やルールなどを獲得できる。
イ　低消費電力型の広域無線ネットワークであり，通信速度は携帯電話システムと比較して低速なものの，一般的な電池で数年以上の運用が可能な省電力性と，最大で数十Kmの通信が可能な広域性を有している。
ウ　分散型台帳技術の一つであり，複数の取引記録をまとめたデータを順次作成し，直前のデータのハッシュ値を埋め込むことによって，データを相互に関連付け，矛盾なく改ざんすることを困難にして，データの信頼性を高めている。
エ　無線LANの暗号化技術であり，脆弱性が指摘されているWEPに代わって利用が推奨されている。

問7（令和2年10月 問98）

IoTエリアネットワークの構築に当たり，①～③の通信規格の使用を検討している。これらの通信規格を有線と無線に分類したとき，無線ネットワークに分類されるものだけを全て挙げたものはどれか。
①BLE　②PLC　③ZigBee

ア　①，②　　イ　①，②，③　　ウ　①，③　　エ　②，③

問8（令和2年10月 問99）

IoTデバイスとIoTサーバで構成し，IoTデバイスが計測した外気温をIoTサーバへ送り，IoTサーバからの指示でIoTデバイスに搭載されたモータが窓を開閉するシステムがある。このシステムにおけるアクチュエータの役割として，適切なものはどれか。

　ア　IoTデバイスから送られてくる外気温のデータを受信する。
　イ　IoTデバイスに対して窓の開閉指示を送信する。
　ウ　外気温を電気信号に変換する。
　エ　窓を開閉する。

解 説

問1

　ア　EDI（Electronic Data Interchange）は企業間の電子的データ交換のこと。企業間でお互いの取引情報をネットワーク上でやり取りする仕組みといえる。

　イ　適切な選択肢。IoT（Internet of Things, モノのインターネット）は，様々な「モノ」をインターネットに接続し，情報を収集・処理・蓄積することで新たな付加価値を得る仕組みのこと。問題文はインターネット機能を有する電力メータ（スマートメータ）に関する記述である。

　ウ　ISP（Internet Service Provider）は，企業や家庭のコンピュータをインターネットに接続するインターネット接続事業者のことである。

　エ　RFID（Radio Frequency IDentification）は，ID情報を埋め込んだICタグと電磁界や電波を用いることで，数cm〜数mの範囲でデータの読み書きを行う技術である。

解答：イ

問2

ウェアラブルデバイスとは，衣類のように身体に装着可能して持ち歩くことができるデバイスのことである。

　ア　PCやタブレット端末はウェアラブルデバイスではない。
　イ　適切な記述。スマートウォッチは身に着けられる。ウェアラブル端末の代表例といえる。
　ウ　**クラウドサービス**の事例。
　エ　ベッドに取り付けているので，ウェアラブルデバイスではなく，IoTの事例といえる。

解答：イ

問3

ア **コンテンツデリバリネットワーク（CDN）**は，同一のコンテンツを多くの配布先，例えば多くのユーザの端末に効率的に配布するために使われる仕組みのことである。

イ **ストレージエリアネットワーク（SAN）**は，複数のコンピュータとストレージ（外部記憶装置）の間を結ぶ高速なネットワークのこと。

ウ 適切な選択肢。**ニューラルネットワーク**は人間の脳の情報処理ネットワークを真似したコンピュータの仕組みのこと。ディープラーニングのプロセスを，人間の脳（大脳皮質）のニューロン（神経細胞）のネットワークになぞらえた数学的モデルである。

エ **ユビキタスネットワーク**は，あらゆる情報端末や機器がネットワークにつながることで，いつでも，どこでも，誰でもサービスを利用できる状態のことをさす。

解答：ウ

問4

チャット上での人の問いかけに自動で答えを返すプログラムのことを**チャットボット**という。利用者の問いかけを認識して最適な答えを判断するために，内部にはAIの音声認識や自然言語処理の技術が使われている。

ア 適切な選択肢。

イ **AR**（Augmented Reality：拡張現実）は，現実世界の情報にディジタル合成などによって作られた情報を重ねて，人間から見た現実世界を拡張する技術のことである。

ウ **CRM**（Customer Relationship Management）は，顧客の情報を収集・分析して，最適で効率的なアプローチを行い，自社の商品やサービスの競争力を高める経営手法のことである。

エ **ERP**（Enterprise Resource Planning）は，企業全体の経営資源を有効かつ総合的に計画・管理し，経営の効率化を図るための手法である。

解答：ア

問5

ア **RPA**（Robotic Process Automation）に関する記述。

イ **音声文字変換（文字起こし）**に関する記述。

ウ **FAQ**（Frequently Asked Questions）に関する記述。

エ 適切な記述。**チャットボット**は，"チャット"と"ロボット"を組み合わせた造語で，人の問いかけに自動で答えを返すプログラムを指す。

解答：エ

問6

ア 機械学習に関する記述。

イ 適切な記述。LPWA（Low Power Wide Area）は，なるべく消費電力を抑えて遠距離通信を実現する通信方式の総称である。デバイスのバッテリーを長時間もたせるための通信方式といえる。

ウ ブロックチェーンに関する記述。

エ WPA2やWPA3に関する記述。

解答：イ

問7

① BLE（Bluetooth Low Energy）は，無線通信の規格BluetoothのLPWAバージョンである。低速・近距離・低消費電力といった特徴をもつ。

② PLC（Power Line Communication）は，電力線を通信回線として使用する技術のこと。PLC（Programmable Logic Controller）は，機械の自動制御装置のこと。

③ ZigBeeもLPWA用の無線通信規格である。スリープ時の待機電力がとても小さく，また復帰時間も非常に短いことから，ある一定間隔を空けてデータ送信を行うような無線システムに向いている。

解答：ウ

問8

アクチュエータは，電気や空気圧などのエネルギーを物理的な「動き」に変換する装置のこと。したがって，窓を開閉する役割となる。

解答：エ

第 2 章
ネットワーク

026 | LAN (Local Area Network)

同一の敷地または建物内等に構築されたネットワーク

　企業内，大学内，家庭内など，限定された領域を接続した情報通信ネットワークのこと。物理的に離れていても，同一組織のネットワークであればLANということが多い。回線や設備を自前で準備するネットワークと考えてよい。LANといっても規模は様々で，2台のパソコンを繋いでもLANであるし，数百台の機器を繋いだLANもある。

　近くにあるPC同士を繋げるためにはLANが必要で，遠くにあるPC同士を繋げたり，インターネットを利用したりするためにはWAN（Wide Area Network）が必要となる。ネットワークは，この2種類の回線の組み合わせでできている。

関連用語

| WAN | 遠く離れたエリアとつながった情報通信ネットワークのこと。回線事業者の回線や設備を借りて繋ぐことになる。 |

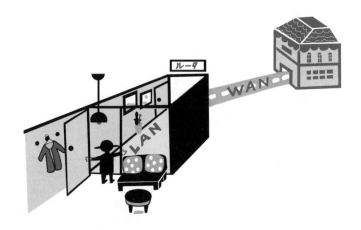

【問題】（平成26年秋期 問56改）

LANの構築には，電気通信事業者との契約が必要である。

．．

　　解答　×　WANには契約が必要だが，LANは自分で構築ができる。

027 | 無線LANとWi-Fi

無線LANはネットワーク機器間を有線で繋ぐ代わりに無線を使うLANの総称。Wi-Fiは無線LANの認定規格の1つ

　正確にはWi-Fiとは無線LANの中で相互接続保証された規格を使った技術や製品のことを指す。しかし，実際にはWi-Fi規格ではない無線LANは皆無といっていいので，無線LAN＝Wi-Fiと考えて差し支えない。

　無線LANにはアクセスポイント（AP）を介して通信を行う**インフラストラクチャモード**と，対応する子機同士が直接通信を行う**アドホックモード**という2つの通信形態がある。ニンテンドーDSやPSPでの複数人プレイや，カメラからプリンタへのダイレクトプリントは，このアドホックモードの使用例である。

　インフラストラクチャモードで必要となる**アクセスポイント**は無線を受発信すると同時に，無線LANと有線LANを相互変換してくれる装置でもある。実際にはルータと無線アクセスポイントの両機能を利用できる無線LANルータが普及している。

　パソコン側で複数のアクセスポイントが検知される場合もあり，どれが自分の所属するLANなのかを識別するためにESSIDとよばれるネットワーク識別子を用いる。

【問題】（平成28年秋期 問68改）

無線LANのネットワークを識別するために使われるものはBluetoothである。

....

　　解答　✕　無線LANのネットワーク識別子はESSIDである。Bluetoothは，免許申請や使用登録の不要な無線通信の規格の1つ。

028 | インターネットとパケット

LANを相互接続したネットワークがインターネット。インターネットで通信をする単位がパケット

インターネットは，世界中のコンピュータを繋ぐための一種のボランティア組織である。統括する企業や組織があるわけではない。お互いが持っている情報を公開しながら，必要な情報を使わせてもらおうというシステムである。

仕組みは，よくイラスト等で見かける網の目が分かりやすい。網の目の結び目に当たるところにコンピュータがあり，網の糸が電話回線やその他の回線である。コンピュータ同士は，網上のすべてのコンピュータと直接繋がっているわけではないが，順送りにデータを送ることにより，最終的に世界中のコンピュータが認識できるようになっている。バケツリレーといってもよい。

その際，データは小さく一定のサイズに分割して送られる。これを**パケット通信**と言い，その分割された1つひとつのデータのことを**パケット**という。もともとは「小包」という意味である。データを分割することにより，通信の途中でエラーが起きても，エラーが起きたところのパケットから通信を再開することができる。

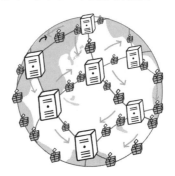

【問題】（平成25年秋期 問68改）
パケット交換方式は，通信相手との通信経路を占有するので，帯域保証が必要な通信サービスに向いている。

　　解答　×　パケット交換方式は，通信経路を占有しない。経路上を宛先の異なる様々なパケットが流れていると考えよう。

029 | プロトコル

コンピュータ同士の通信をする際の手順や規格，つまりお約束

　離れたところで情報のやり取りをするからには，手順や（暗黙の）了解がないと成立しない。電話をかけることを考えても，「電話番号をプッシュする」「通話ボタンを押す」といった手順を踏む。また，「（日本語話者同士なら）日本語で話す」ということもお互いに了解している。そうでなければ，コミュニケーションがとれなくなる。

　コンピュータの世界でも通信をするためには，手順や規格が必要で，それが**プロトコル**である。また，お互い同士が同じプロトコルを使っていないと通信は難しくなる。インターネットで使われているデファクトスタンダード（事実上の標準）のプロトコルを TCP/IP という。

　プロトコルは階層構造をもつ。TCP/IP は下記の4階層になっている。

層の名称	層の役割り	主なプロトコル名
アプリケーション層	アプリケーションごとの固有の規約	HTTP, FTP, Telnet, SMTP, POP3 など
トランスポート層	端末間のデータ転送の信頼性を確保するための規約	TCP, UDP
インターネット層	データの伝送経路を決めて，伝送や中継を制御するための規約	IP
ネットワークインタフェイス層	隣接する端末間の通信のための規約	イーサネット，トークンリング，フレームリレー，PPP，無線LAN（IEEE 802.11）など

【問題】（平成28年秋期 問65改）

通信プロトコルは，ネットワークを介して通信するために定められた約束事の集合である。

解答　○

030 | IPアドレス

アイピー

インターネットに接続した機器，1台1台に振られたアドレス（住所）

住所がなければ手紙が届かないように，IPアドレスがなければインターネットには繋がらない。パソコン，スマートフォン，タブレットなどや，プリンタやIP電話などにはIPアドレスが利用されている。意識していなくてもIPアドレスによる通信は行われていることになる。

IPアドレスの正体は32個の**0または1**（これを**ビット**という）である。例えば次のようなものとなる。

11000000　10101000　01001000　00000001

これを8ビットずつに区切り，それぞれを数値に（2進数を10進数に）変換し（→074），間にピリオドを打ったものをIPアドレスとして表現している。

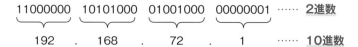

IPアドレスは，そのコンピュータがどのネットワークに属するか示す部分と，そのコンピュータ自体を識別する部分に分けている。所属するネットワークを示す部分を**ネットワークアドレス**，一方，コンピュータ自体を識別する部分を**ホストアドレス**という。例えば，左（上位）から24ビットがネットワークアドレス，残りがホストアドレスだとすると，次のようになる。

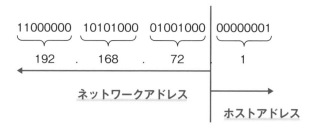

COLUMN　アドレスが足りない!

　ここで解説したIPアドレスは**IPv4**といって，32ビットである。これは2^{32}（約43億）個のアドレスしか使えない。世界人口は70億人を超えているので，足りなくなってしまう。そこで，アドレスの長さを128ビットに増やした新規格である**IPv6**に移行しようとしている。これによって2^{128}（約3.4×1038）個のアドレスが使える。340兆の1兆倍の1兆倍，これなら安心。ただ現在はIPv4がとても普及しており，IPv6との互換性がないことから，すぐに移行するわけにはいかない。変換しながら利用している。過渡期の時代といえる。

【問題】（平成21年秋期　問65改）

IPアドレスは，国ごとに重複のないアドレスであればよい。

　解答　×　IPアドレスは，全世界中で重複のない固有のアドレスでなくてはならない。

031 サブネットマスク

IPアドレスのどこまでがネットワークアドレスで，どこからホストアドレスかを示す情報

ネットワークアドレスとホストアドレスの境界線はIPアドレスによって異なる。上位から8ビット分とか16ビット分というように，8ビットずつの区切りで固定的に決める**クラスフルアドレス**もある。しかしこれでは，区切りが固定されてしまい，無駄が多い。そこでネットワークアドレスとホストアドレスの境目を柔軟にするため，現在は**クラスレスアドレス**が使われている。

この境目を示すのがサブネットマスクである。サブネットマスクは，IPアドレスのどの部分がネットワークアドレスでどの部分がホストアドレスかを示す0と1の情報（ビット列）である。具体的には，ネットワークアドレス部分に1を，ホストアドレス部分に0を並べる。

例えば次のようなものである。IPアドレスと同様に，8ビットで区切って10進数で表記する。

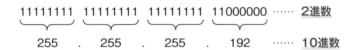

IPアドレスと並べてみる。

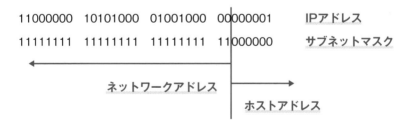

サブネットマスクにより，IPアドレスのうち，どこまでがネットワークアドレスなのかが判明する。

【問題1】（平成30年秋期 問97改）

サブネットマスクは，ネットワーク内のコンピュータに対してIPアドレスな
どのネットワーク情報を自動的に割り当てるのに用いる。

．．

解答 ×　問題文は「DHCP（Dynamic Host Configuration Protocol）」（→033）に関す
る説明である。

【問題2】（平成28年春期 問70改）

サブネットマスクの役割は，IPアドレスに含まれるネットワークアドレスと，
そのネットワークに属する個々のコンピュータのホストアドレスを区分する
ことである。

．．

解答 ○

032 | ドメイン名とDNS（ディーエヌエス）

ドメイン名は覚えやすくするためのIPアドレスの別名。DNSはドメイン名とIPアドレスの変換の仕組み

IPアドレス（→030）によりインターネットの通信が可能になる。ただ，IPアドレスは，単なる数字の羅列のため，日常生活では不自然で使いづらく覚えるのも困難である。そこでIPアドレスの代わりになるのが**ドメイン名**である。簡単に言えば，ユーザが覚えやすい名前（文字）であり，例えばshoeisha.co.jpのようなものである。

このドメイン名とIPアドレスが紐付けられていなければ，リンク切れを起こしたりメールの送受信ができなかったりする。IPアドレスとドメイン名を関連させる仕組みが**DNS**（Domain Name System）である。**DNSサーバ**とよばれるサーバがドメイン名をIPアドレスに変換したり，その逆の変換をしたりしている。

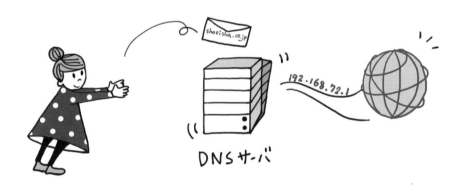

shoeisha.co.jp

192.168.72.1

DNSサーバ

【問題】（令和元年秋期 問91改）

DNSの役割は，クライアントからのファイル転送要求を受け付け，クライアントへファイルを転送したり，クライアントからのファイルを受け取って保管したりすることである。

....

解答　×　問題文は「ファイルサーバ」（→089）の役割についての説明。DNSサーバはドメイン名とIPアドレスの対応付けを行う役割を担う。

033 | DHCP (Dynamic Host Configuration Protocol)

ディーエイチシーピー

IPアドレスの自動的な割り当ての仕組み

DHCPは通信用の基本的な設定を自動的に行うためのプロトコルである。ホストにIPアドレスを自動割り当てする仕組みといっていい。DHCPを使うと，**サブネットマスク**（→031）や**デフォルトゲートウェイ**などの設定パラメータも割り当てられる。

例えば，新規のパソコンをネットワークに追加したときに，手作業によるIPアドレスの割り当て作業から解放され，ネットワーク管理の手間が軽減される。また，IPアドレスを使い回すことが出来るため，全ホストに対して，割り当てることのできるIPアドレスが不足している場合に，IPアドレスを有効に割り当てられる。

関連用語

デフォルトゲートウェイ　　内部ネットワークと外部ネットワークを繋ぐためのネットワーク機器。一般的にはルータ（→039）。

【問題】（オリジナル）

DHCPサーバを導入したLANに，DHCPから自動的に情報を取得するように設定したPCを接続するとき，PCにはプロバイダから割り当てられたメールアドレスが設定される。

解答　×　PCに設定されるのは，IPアドレス。

034 | ポート番号とTCPとUDP

ティーシーピー ユーディーピー

ポート番号は，接続の窓口の番号。TCPとUDPはポート番号を付与するプロトコル

　IPアドレスはホストをただ1つに特定する。しかしそのホストのどのプログラムにパケットを届けるかは，IPアドレスだけでは決定できない。どのプログラムに通信パケットを渡すのかを決定するために，**ポート番号**を使用する。一般的なアプリケーションで使うポート番号は，あらかじめ決まっていて，**ウェルノウンポート**と呼ばれる。例えば，Webページの転送なら80である。サーバがPCにパケットを返す時にも，そのPCのIPアドレスとポート番号を指定して通信を行う。だから，1つのPCのブラウザで複数のタブを使って別々のWebページを見ることができることになる。

　TCPとUDPはIPの上位のプロトコルで，ともにポート番号を付ける。TCPは信頼性が高いが速度が遅く，UDPは信頼性に欠けるが速度が速いという特徴がある。TCPは確実に送りたいWebの閲覧やメールの通信に，UDPは速度が優先されるIP電話や動画の通信（ストリーミング）に利用される。

【問題】（平成22年春期 問80改）
TCP/IPではポート番号によって通信相手のアプリケーションソフトウェアを識別している。

....

解答 〇

035 | SMTP と POP3
エスエムティーピー　　ポップスリー

SMTPはメール送信のプロトコル。POP3はメール受信のプロトコル

　SMTPもPOP3も通信プロトコルの1つで，電子メールを送信する際はSMTP（Simple Mail Transfer Protocol）が利用され，受信する際にはPOP3（Post Office Protocol, Version 3）がよく利用される。

　メールの受信にIMAP（Internet Message Access Protocol）というプロトコルを使うこともある。POPとの違いはメールをサーバ上で管理できることにある。POPでは，メールは一括してパソコンにダウンロードして取り込むことしかできない。一方，IMAPでは，メールのヘッダ情報（発信者情報，タイトル）だけを取り出し，その都度メールを受信するかどうか判断したり，サーバに残すかどうかを判断したりできる。

　また，電子メールは基本的にテキスト（英数のみの文字）データしか送受信できない。そこで日本語を含むデータや，添付ファイルなどを送受信するときには，MIME（Multipurpose Internet Mail Extensions）という拡張機能が使われている。

　なお，携帯電話のメールシステムは，各携帯電話会社独自のシステムを作っており，プロトコルについても，詳細は公表されていない。

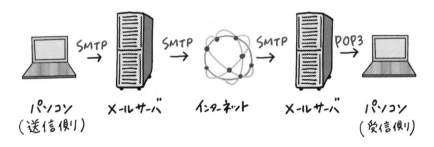

パソコン（送信側）　　メールサーバ　　インターネット　　メールサーバ　　パソコン（受信側）

【問題】（平成29年秋期 問83改）

POP3は電子メールの受信プロトコルであり，電子メールをメールサーバに残したままで，メールサーバ上にフォルダを作成し管理できる。

　解答　×　POP3は受信プロトコルであることは正しいが，電子メールをメールサーバで管理できない。これはIMAPに関する説明。

036 | ToとCcとBcc
トゥ　シーシー　ビーシーシー

どれもメールの宛先。それぞれ違いがあるので特徴を知って、使い分ける必要がある

To：宛先。そのメールのメインの送り先を示す。Toに指定されているメールアドレスは、すべての受信者が確認できる。複数の人にメールを送る場合にToに指定すると、知らない人同士でもメールアドレスが表示されるので個人情報が流出する危険性がある。

Cc：カーボンコピー（Carbon Copy）の略で、複写という意味がある。あくまでもメインの送り先はToに指定されている人で、Ccに指定されている人は「念のために確認してほしい人」といった意味合いになる。Toと同じくCcに指定したアドレスもToやCcに指定された人から確認できるので、複数人に同時に送る場合には注意が必要となる。

Bcc：ブラインドカーボンコピー（Blind Carbon Copy）の略で、基本的にはCcと同様に複写の扱いとなる。Ccとの大きな違いは、Bccに指定されたメールアドレスはToやCcに指定された人からは見えないことである。そのため、お互い同士が知人ではない複数の人に同時にメールを送りたい場合などに利用する。

関連用語

ネチケット

ネットワークとエチケットを併せた造語。ネットマナー，つまりインターネット上で最低限守るべきこと，一般常識などのルールを指す。法的拘束力を持つものではないが，お互いに快い関係を維持するための規範といえる。

ネチケットとして認識されている代表的なものとしては，「個人的なやりとりを相手の許可なく一般公開しない」，「掲示板などで趣旨や話題と無関係なコメントを書き散らさない」，「電子メールで事前の連絡もなく巨大なサイズのデータを添付して送り付けない」といったものがある。

関連用語

チェーンメール

受信者に対して他者への転送を促すメール。「拡散希望」「これは確かな情報ですから，あなたの大切な人に伝えて下さい」といったものである。ネチケットとして，これは転送してはいけない。真偽が不確かな場合は混乱の元になるし，たとえ正しい情報であっても，通信回線やその他の資源を圧迫するからである。

関連用語

メールの形式

- **テキスト形式**：文字だけで構成された一般的なメール。表示される状態が受信者の環境やメールソフトに影響されにくい。プレーンな文字だけなので，強調したり画像を使ったりできない。
- **HTML形式**：Webページの作成に用いられるHTML形式でメール本文を記述したメール。Webページのように文字を大きくしたり色をつけたりといった装飾が可能。ただし，正しく表示されるかどうかが受信者の環境やメールソフトの設定に依存する。

【問題】（令和元年秋期 問79改）

Ａさんが，Ｐさん，Ｑさん及びＲさんの3人に電子メールを送信した。Toの欄にはＰさんのメールアドレスを，Ccの欄にはＱさんのメールアドレスを，Bccの欄にはＲさんのメールアドレスをそれぞれ指定した。ＲさんにはＰさん，Ｑさんのアドレスは分かるが，Ｐさん，ＱさんにはＲさんのアドレスは分からない。

解答　○

037 | HTTPとHTTPS

エッチティーティーピー　エッチティーティーピーエス

Webページを見るためのプロトコル。HTTPSはその暗号化バージョン

　HTTP（Hyper Text Transfer Protocol）は，Webページの格納されたサーバ（WWWサーバ，Webサーバなどという）とパソコンなど（クライアントという）が，情報をやりとりする時に使われるプロトコルである。

　Webページは HTML（Hyper Text Markup Language）という Webページを記述するための言語で書かれている。送られてきた結果である HTMLの文書や画像データをきれいに成形して見せるのは，Web ブラウザの仕事である。Web ブラウザは Web サイトを閲覧するために使うソフトのことで，具体的には，「Internet Explorer（IE）」「Microsoft Edge」「Google Chrome」「Safari」「Firefox」「Opera」などがよく使われている。

HTTPS（Hyper Text Transfer Protocol Secure）は，名前の通り，HTTPのセキュリティ強化バージョンである。通信内容が暗号化され，第三者には分からないようになっている。郵便物にたとえると，HTTPは「はがき」で，HTTPSが「封書」のようなものといえる。

Webを閲覧する際に，URLが「http:」で始まっているか，「https:」で始まっているかでどちらのプロトコルを使用しているか判別できるので，注意する必要がある。

関連用語

スタイルシート　文書のスタイルを指定する技術全般をスタイルシートという。HTMLだけでは，ホームページのデザインを細かく指定することができないので，一般的にはスタイルシートをHTML文書と組み合わせて使う。代表的なものが，CSS（Cascading Style Sheet）である。スタイルシートを利用することで，複数のWebページのデザインに一貫性をもたせることができる。

【問題1】（平成28年春期 問56改）

ブラウザとWebサーバ間の通信プロトコルを，HTTPからHTTPSに変更した。これによってコンピュータウイルス感染の防止が実現できる。

> **解答**　×　HTTPSでは通信が暗号化されるため，通信の機密性の確保が実現できるが，ウイルス感染の防止はできない。

【問題2】（平成31年春期 問81改）

Webサイトを構築する際にスタイルシートを用いる理由は，WebサーバとWebブラウザ間で安全にデータをやり取りできるようになるからである。

> **解答**　×　複数のWebページの見た目を統一することが容易にできるようになるからである。

038 | MVNO (Mobile Virtual Network Operator)

いわゆる格安SIMを提供している事業者

MVNO（仮想移動体通信事業者）は，携帯電話などの無線通信インフラ（携帯やスマートフォンに電波を送るための基盤・設備）を他社から借り受けてサービスを提供する事業者である。

かつて，モバイル通信サービスは，自社で移動体通信網設備を持ち，電気通信事業法や電波法に則って総務省から電波利用免許の交付を受けた移動体通信事業者（携帯電話キャリア）しか提供できなかった。そのため，サービスの内容や利用料金は携帯電話キャリア数社が決めた画一的なものになりがちで，ユーザにとって十分な選択肢が用意されているとは言いがたい状況であった。2001年以降，様々な事業者・企業がキャリアの無線通信インフラだけを借りて，「映像コンテンツに強い」「人気キャラクターブランドのケータイ」といった独自の付加価値をつけたり，利用料金を安く設定したりして参入した。それにより，ユーザは，多くの選択肢を得られるようになった。

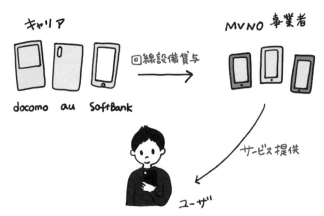

【問題】（平成29年秋期 問93改）

仮想移動体通信事業者（MVNO）は，他の事業者の移動体通信網を借用して，自社ブランドで通信サービスを提供する。

....

解答　○

039 | ハブとルータ

ハブはLAN上で各端末同士を接続する機器。ルータはインターネット上でLAN同士を接続しルートを決める機器

ハブ（HUB）もルータもネットワーク接続機器である。

ハブはケーブルなどを集約し，パソコンやプリンタを接続する。基本的にデータを中継するだけで，受信したデータはすべてネットワーク内に流し，受信するかどうかは端末側が判断する。宛先の端末だけに送信する**スイッチングハブ**もあり，企業や家庭のネットワークを支える主流機器となっている。

ルータはLAN同士を接続する。LANから流れてきたデータがどこのLAN宛なのか，IPアドレスから調べ，そのLANの方向にデータを流す。正確には，異なるネットワーク間を中継する機器ということになる。また，どのルートを通して接続すべきかを判断するルート決定（**ルーティング**）機能をもつ。

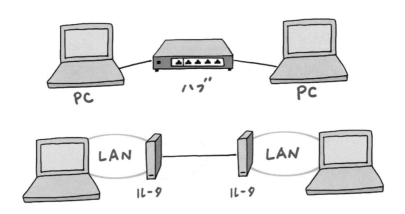

【問題】（平成29年秋期 問78改）

ルータがもつルーティング機能とは，ドメイン名とIPアドレスの対応情報を管理し，端末からの問合せに応答することである。

．．．

解答 ✕ 問題文は「DNS」(→032) に関する説明。ルーティング機能とは，異なるネットワークを相互接続し，最適な経路を選んでパケットの中継を行う機能のこと。

040 | bps
ビーピーエス
(bits per second)

1秒当たりに何ビット送信できるかというデータ伝送速度の単位

インターネット回線などで，8Mbpsとか12Mbpsとかいう言葉をよく目にする。これは「データの流れる速さ」を表している。

bpsは，日本語にすると「ビット／秒」，1秒間に何ビットのデータが流れるのかという速さを表す単位である。Mは補助単位の1つで，10^6を表す。したがって12Mbpsは

$$12 \times 10^6 = 12 \times 1,000,000 = 12,000,000 ビット／秒$$

ということになる。

補助単位は非常に大きな数値や小さな（0に近い）数値を扱うために用いられる。小さい方の補助単位はコンピュータの世界では，主にコンピュータの処理速度などに用いられる。例えば，「平均命令実行時間が20ナノ秒」といった具合である。

関連用語

補助単位

書き方	読み方	大きさ	書き方	読み方	大きさ
K	キロ	10^3（＝1,000）	m	ミリ	10^{-3}（＝1/1000）
M	メガ	10^6	μ	マイクロ	10^{-6}
G	ギガ	10^9	n	ナノ	10^{-9}
T	テラ	10^{12}	p	ピコ	10^{-12}

秒速100Mビット！
速いっ！

関連用語

バイト（Byte）

コンピュータで情報量を表す単位で、**1バイト＝8ビット**である。メモリやディスクの容量などに使われる。半角1文字を1バイトで表現できる。

ITパスポート試験では、計算問題も出題される。典型的な計算問題が次のようなものである（平成31年春期　問77）。

次の条件で、インターネットに接続されたサーバから5MバイトのファイルをPCにダウンロードするときに掛かる時間は何秒か。

[条件]

通信速度	100Mビット／秒
実効通信速度	通信速度の20%

　ア　0.05　　　イ　0.25　　　ウ　0.5　　　エ　2

難しく思えるが、これは例えば「時速50kmで100km先の街まで行くのに何時間かかるか」と同じと考えればよい。「距離÷速度＝時間」と同様に「データ量÷速度＝時間」である。

　　データ量：5Mバイト

　　通信速度：100Mビット／秒

ただし、実効通信速度は20%なので、この20%、つまり20Mビット／秒となる。

ここで1バイトは8ビットであることに注意する。単位を揃えるために、データ量は8を掛けなければならない。よって、

　　5×8÷20＝2（秒）

という式で求められる（解答はエ）。

【問題】（平成31年春期 問66改）

10^{-9}と10^{9}を表すのに用いられる補助単位はpとGである。

....

解答　×　　10^{-9}を表すのに用いられるのはn（ナノ）、10^{9}を表すのに用いられるのはG（ギガ）。

041 | ヨンジー／フォージー ファイブジー
4G と5G

移動体通信の世代（Generation＝G）を表す。現在の最新は5G

1Gから5Gまで世代があるが，実際にはそれぞれに明確な定義はない。ここでは，現在普及している4Gと話題を集めている5Gの違いについて述べる。5Gの特徴は以下のものである。

	4G	5G
通信速度	50Mbps～1Gbps	10～20Gbps
遅延速度	約10ミリ秒	約1ミリ秒
同時接続機器	10万デバイス/km²	100万デバイス/km²

日本の携帯電話キャリアのうち，NTTドコモ，au，ソフトバンク，楽天モバイルはそれぞれ2020年10月現在，5Gサービスを加速している。ただし，現時点では5Gサービスに対応しているエリアは限られている。

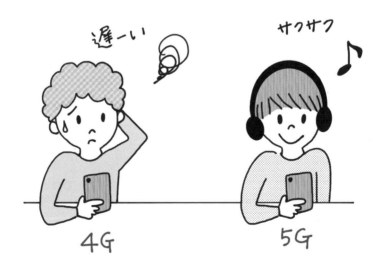

関連用語

LTE   3.9世代ともいわれ，無線を利用したスマートフォンや携帯電話用の通信規格の1つ。

関連用語

キャリアアグリゲーション   周波数帯の異なる複数の搬送波を束ねることで高速な無線通信を実現する仕組み。

関連用語

SIMカード   電話番号を特定するための固有のID番号が記録された，携帯やスマートフォンが通信するために必要なICカード。

eSIM   SIMの次世代規格。従来のSIMと同様，ごく小さなチップの形をしているが，端末から抜き差しすることはない。端末出荷時には，eSIMに携帯電話情報が書き込まれていない。あとでeSIMが埋め込まれた端末を操作し，「プロファイル」と呼ばれるデータのセットをダウンロードしてeSIMに書き込むことで，電話やインターネットなどの通信を利用できるようになる。

【問題】（平成31年春期 問73改）

5GはLTEよりも通信速度が高速なだけではなく，より多くの端末が接続でき，通信の遅延も少ないという特徴をもつ。

⋯⋯⋯⋯⋯⋯⋯⋯⋯⋯⋯⋯⋯⋯⋯⋯⋯⋯⋯⋯⋯⋯⋯⋯⋯⋯⋯⋯⋯

    解答 ○

042 | ハンドオーバー

通話や通信を続けながら接続する基地局を切り替えること

携帯電話やスマートフォンの通話の仕組みは，次のようなものである。

1. 通話者携帯電話から発せられた電波が，近くにある無線基地局に届く
2. 光ファイバーなどの有線ケーブルを伝って，様々な通信設備を経由する
3. 通話相手の近くにある無線基地局まで届く
4. 再び電波となって相手の携帯電話に届く

つまり，自分の携帯電話も相手の携帯電話も，近くにある無線基地局までの間だけに無線が使われており，それ以外の部分は有線のケーブルで繋がっている。そしてこの無線基地局が近くに（電波の届く範囲に）ない状態が「圏外」ということになる。

例えば新幹線の車内で通話しているとする。ある基地局を利用しているが，新幹線は最高時速約280キロで進むため，すぐにこの圏内を飛び越えて電波が弱くなっていく。すると今度は，より強い電波を受信できる基地局へバトンを渡すように繋ぎかえて，通信を維持する。これが**ハンドオーバー**である。

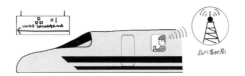

【問題】（平成30年春期 問99改）

複数の異なる周波数帯の電波を束ねることによって，無線通信の高速化や安定化を図る手法をハンドオーバーという。

解答 ✕ 問題文は「キャリアアグリゲーション」（→041）の説明。

問1 （令和2年10月 問67）

TCP/IPにおけるポート番号によって識別されるものはどれか。

ア　LANに接続されたコンピュータや通信機器のLANインタフェース

イ　インターネットなどのIPネットワークに接続したコンピュータや通信機器

ウ　コンピュータ上で動作している通信アプリケーション

エ　無線LANのネットワーク

問2 （令和2年10月 問75）

PCに設定するIPv4のIPアドレスの表記の例として，適切なものはどれか。

ア　00.00.11.aa.bb.cc

イ　050-1234-5678

ウ　10.123.45.67

エ　http://www.example.co.jp/

問3 （令和2年10月 問88）

無線LANに関する記述のうち，適切なものだけを全て挙げたものはどれか。

a　使用する暗号技術によって，伝送速度が決まる。

b　他の無線LANとの干渉が起こると，伝送速度が低下したり通信が不安定になったりする。

c　無線LANでTCP/IPの通信を行う場合，IPアドレスの代わりにESSIDが使われる。

ア　a, b　　イ　b　　ウ　b, c　　エ　c

問4（令和2年10月 問92）

AさんがXさん宛ての電子メールを送るときに，参考までにYさんとZさんにも送ることにした。ただし，Zさんに送ったことは，XさんとYさんには知られたくない。この時に指定する宛先として，適切な組み合わせはどれか。

	To	Cc	Bcc
ア	X	Y	Z
イ	X	Y, Z	Z
ウ	X	Z	Y
エ	X, Y, Z	Y	Z

問5（令和2年10月 問95）

伝送速度が20Mbps（ビット／秒），伝送効率が80%である通信回線において，1Gバイトのデータを伝送するのに掛かる時間は何秒か。ここで，1Gバイト＝10^3Mバイトとする。

ア 0.625　　イ 50　　ウ 62.5　　エ 500

解 説

問1

ア MACアドレスで識別される。

イ IPアドレスで識別される。

ウ 適切な記述。**ポート番号**は，同じコンピュータ内で動作する複数のアプリケーションのどれが通信するかを指定するための番号のこと。この番号があるから，データをメーラに渡すのか，ブラウザに渡すのか，区別できる。

エ ESSIDで識別される。

解答：ウ

問2

IPv4のIPアドレスは，32ビットのビット列である。

00001010011110110010110101000011

これを8ビットずつに区切り，それを2進数とみなして，10進数に変換したものをIPアドレスとして表現している。

00001010	01111011	00101101	01000011
10 .	123 .	45 .	67

解答：ウ

問3

a. 誤り。伝送速度は無線LANの規格や通信環境で決まる。

b. 適切。無線LANの通信範囲が，同じ周波数帯を使用する他の無線LANと重なった場合，干渉が起こり伝送速度の低下や通信の不安定さをもたらす。

c. 誤り。ESSIDは無線LANのアクセスポイントを識別する文字列。

解答：イ

問4

ToもCcもBccも電子メールの宛先だが，アドレスの見え方に違いがある。

To：メールのメインの送り先を示す。アドレスは開示される。

Cc：「参考までに送ります」といった意味合いになる。アドレスは開示される。

Bcc：意味はCcと同じ。アドレスは開示されない。

したがって，Zさんの宛先をBccにすれば，Xさん，YさんにはZさんに送ったことは知られない。ToやCcで指定してはいけない。

解答：ア

問5

基本的な公式は，**データ量÷伝送速度＝時間**となる。

ただし，いくつか注意点がある。データ量はバイトで。伝送速度はビット／秒という単位が使われる。計算するためには単位を揃える必要があり，1バイト＝8ビットなので，データ量には8を掛ける。また，伝送効率80％というのは，伝送速度が80％になると考える。以上を考慮して，次のように計算する。

$$\frac{1 \times 10^3 \times 8}{20 \times 0.8} = 500 \ (秒)$$

解答：エ

第 3 章
セキュリティ

043 | セキュリティ インシデント

セキュリティ上の脅威となるできごと

　インシデントとは，英語で「事件」や「出来事」などを指す言葉である。トラフィックインシデントは交通事故と訳される。つまり**セキュリティインシデント**とは，セキュリティ上好ましくない事象・事態のことである。

　具体的には，マルウェア（ウイルス）感染，不正アクセス，情報漏洩，なりすまし，データの改ざんといった重大な事態をもたらす事例から，迷惑メールや記憶媒体の紛失といった日常によくある例も含まれる。機器やシステムの破損や故障，意図しない停止などを含める場合もある。

トラフィックインシデント　　　　セキュリティインシデント

【問題】（平成26年秋期 問80改）

泥棒がサーバ室へ侵入し，データを盗み出すことは，セキュリティインシデントには当たらない。

　　　解答　✕　物理的セキュリティ対策の不備によって発生するセキュリティインシデントといえる。

044 | マルウェア

悪意のあるプログラムの総称

マルウェア（malware）は，悪意のある（malicious）ソフトウェア（software）という意味の造語で，様々な種類・目的がある。ウイルスの方が耳になじんでいるが，正確にはウイルスはマルウェアの一種である。マルウェアは，次のように分類される。

- **ウイルス**：プログラムの一部を書き換えて，自己増殖するマルウェア。単体では存在できず，自分の分身を作って増えていく様が病気の感染に似ているため，この名称になったとされている。
- **ワーム**：自己増殖するマルウェア。自身を複製して感染していく点はウイルスと同じだが，ウイルスのように他のプログラムに寄生せず，単独で存在可能である。
- **トロイの木馬**：一見正当なプログラムやファイルに見せかけ，コンピュータに侵入するマルウェア。

【問題】（平成25年秋期 問77改）

マルウェアは，コンピュータウイルス，ワームなどを含む悪意のあるソフトウェアの総称である。

解答　○

045 | ランサムウェア

身代金要求型のマルウェア

ランサムウェアは感染すると勝手にファイルやデータの暗号化などを行って，正常にデータにアクセスできないようにし，元に戻すための代金を利用者に要求するマルウェアである。

ロックスクリーン型と暗号化型の2つの形式が確認されている。**ロックスクリーンランサムウェア**はスクリーン全体に画像かWebページを表示してPC操作を妨害する。警告文に有名な企業のロゴを表示させて合法的な雰囲気を出すものもある。**暗号型ランサムウェア**は，ファイルを開けないよう暗号化することで金銭の支払いを要求する。当然のことながら，金銭を支払っても，元に戻る保証はないので，絶対に支払ってはいけない。

【問題】（令和元年秋期 問98改）

攻撃者が他人のPCにランサムウェアを感染させる狙いは，PC内の個人情報をネットワーク経由で入手することである。

解答 × ランサムウェアの狙いは，PC内のファイルを使用不能にし，解除と引換えに金銭を得ること。

046 | スパイウェア

PC内でユーザの個人情報や行動を収集し，別の場所に送ってしまうマルウェア

スパイウェアはマルウェアの一種で，ユーザの操作や情報などを記録して外部に送信する不正プログラムである。例えば，IDとパスワードの組み合わせを盗まれると，サイバー犯罪者などが本人になりすましてサービスなどにログインされる可能性もある。

スパイウェアと他のウイルスとの大きな違いは，感染活動を行わないことである。1台のパソコンに入り込んだらそこに潜み続け，情報収集を行うことが多い。また，表面に出てくる「悪さ」がないため，感染に気付かないユーザが多い。

中には企業などが提供するソフト・アプリを無償でユーザに使用してもらう代わりに，マーケティング情報として利用するためにユーザの意識やニーズをつかむための情報を取得するというような，悪質ではない使い方をされるということもある。そのような場合は，そのソフトウェアや，アプリの使用許諾契約や利用規約などに，情報を送る旨が記載されているので，しっかり読む必要がある。

【問題】（平成29年春期 問58改）

スパイウェアは，攻撃者がPCへの侵入後に利用するために，ログの消去やバックドアなどの攻撃ツールをパッケージ化して隠しておく仕組みのことである。

解答 ×　スパイウェアは利用者が認識することなくインストールされ，利用者の個人情報やアクセス履歴などの情報を収集するプログラムのこと。問題文は「ルートキット」の説明。

047 | RAT (ラット) (Remote Administration Tool/ Remote Access Tool)

PCの遠隔操作を可能にしてしまうマルウェア

RATは，物理的に離れているにもかかわらず，あたかもそのシステムに直接的にアクセスしているかのように操作を行うことを可能にするソフトウェアの総称である。俗にいう「乗っ取り」という手法で，端末内の情報を盗む，もしくは端末に対して不正な操作を指示することにより，さらに攻撃の範囲を広げることなどが想定される。

似たような機能に「デスクトップ共有」や「リモート管理」があるが，これらは合法とされる一方，RATの場合，大半は犯罪や不正行為と結び付いている。

なんでもやり放題さ…

【問題】（平成31年春期 問94改）

RATは自ら感染を広げる機能をもち，ネットワークを経由して蔓延していくマルウェアである。

....

解答 × RATはPCを遠隔操作するマルウェアのこと。問題文は「ワーム」（→044）の説明。

048 | ソーシャルエンジニアリング

パスワードなどを，本人や周辺者への接触や接近を通じて盗み取る手法

情報通信技術を使わず，物理的・心理的な手段によって情報を詐取する方法である。人間の心理的な隙（なりすましにより油断させられる等）や管理の甘さ（パスワードを使い回す等）を突いて情報を取得する。古典的でアナログな方法ではあるが，巧妙化しており注意が必要である。

- **なりすまし**：上司や警察などになりすまして，メールや電話で情報を聞き出す。
- **ショルダーハッキング**：タイピングしているところや，画面を後ろから覗き込むことでパスワードを盗み見る。
- **トラッシング（スキャベンジング）**：物理的なごみ箱などをあさり，廃棄書類や廃棄メディアから情報を得る。

【問題】（平成31年春期 問89改）

スマートフォンを利用するときに，ソーシャルエンジニアリング対策として，スクリーンにのぞき見防止フィルムを貼るとよい。

解答　○

049 BYODとシャドーIT
ビーワイオーディー
(Bring Your Own Device)

どちらも個人のIT機器を業務で使うこと。BYODは会社の承認あり，シャドーITは承認なし

BYODの直訳は「自らのデバイスを持ち込む」である。個人で所有しているPCやスマートフォン，タブレットなどを業務に利用する仕組みのことである。

個人でも高性能のスマートフォンやタブレット端末などを所有できるようになり，インターネットに接続できれば，どのデバイスからでも利用できる**クラウドサービス**も普及してきた。自分が使い慣れた端末を仕事に使うことで，効率アップに繋がる上に，会社側もコストが削減できる。一方で，個人の端末から会社が管理すべき情報へアクセスできるというセキュリティ上のリスクもはらんでいる。そのためBYODを認めるのであれば，リスクを踏まえた上で，利用方法や管理できる仕組み，セキュリティ対策をとることが推奨されている。

一方で**シャドーIT**は，会社から承認されていないIT機器やサービスを業務に利用することを指す。企画書や提案資料などを会社から持ち出して，家のPCで作業することも含む。情報流出・ウイルス感染・不正アクセスなどを引き起こすリスクが高い。

【問題】（平成30年秋期 問30改）

BYODは，企業などにおいて，従業員が私物の情報端末を自社のネットワークに接続するなどして，業務で利用できるようにすることである。

解答　○

050 | 不正のトライアングル

不正は「動機」「機会」「正当化」という３つの要因がそろった時に発生するとした理論

　米国の組織犯罪研究者であるドナルド・R・クレッシーが提唱した，不正行動は「動機」「機会」「正当化」の３要素がすべて揃った場合に発生するという理論である。

- **動機・プレッシャー**：不正を実際に行う際の心理的なきっかけのこと。例えば，お金が欲しい，いい成績がとりたい，上司に怒られる，ノルマが達成できないといった理由である。
- **機会**：不正を行おうとすればいつでもできるような環境が存在する状態のこと。例えば，誰も見ていない，誰にも気づかれない，やろうとすればできてしまう，バレっこない，といった環境である。
- **姿勢・正当化**：不正を思いとどまらせるような倫理観やコンプライアンスの意識が欠如していること。例えば，一時的に借りただけ，私が褒められるのは当然だ，これをやらないとみんなが困る，といった自分に都合のよい理由をこじつけることがこれにあたる。

【問題】（平成31年春期 問65改）

"不正のトライアングル"を構成する３要素は，機会，情報，正当化である。

....

　　解答　×　"不正のトライアングル"を構成する３要素は，動機，機会，正当化。

051 | パスワードクラック の手口

パスワード破りの手法は類推，辞書，総当たり，パスワードリスト攻撃等様々な ものがある

パスワードクラック（password crack）とは，データ解析により他人のパスワード を不正に探り当てることを指す。具体的には，次のようなものがある。

- **総当たり攻撃（ブルートフォースアタック）**：考えられる全てのパスワードを試す 攻撃。理論的には，試行回数に上限がないとするならば，総当たり攻撃は必ず成 功する。
- **リバースブルートフォース攻撃**：パスワードの文字列を固定にして，IDの文字列 を変化させながら試す攻撃。パスワードの試行回数に制限がある場合に使用され ることが多い。
- **辞書攻撃**：辞書に載っている単語を片っ端から試す攻撃。
- **類推攻撃**：ターゲットの個人情報に関する知識から，類推する。例えば，ユーザ名， 電話番号，誕生日，恋人や身内の名前，"password"，"QWERTY"などを試す。

- **パスワードリスト攻撃**：複数のサイトで同様のID・パスワードの組合せを使用している利用者が多いという傾向を悪用したもので，あるサイトに対する攻撃などによって得られたIDとパスワードのリストを用いて，別のサイトへの不正ログインを試みる攻撃。
- **レインボー攻撃**：多くのサイトでは，パスワードを平文（→062）のまま保存していない。パスワードから計算されるハッシュ値（→067）で保存している。ハッシュ値から元のパスワードは復元できないので，流出した場合のリスクを下げることができる。しかし，平文のパスワードとハッシュ値の組を大量にテーブルとして準備しておくことはできる。それを用いて，不正に入手したハッシュ値からパスワードを解読する攻撃手法である。

これらに対し，ユーザ側の対策は，類推されやすいパスワードを使わない，複数のサイトで同じパスワードを使い回さない，といったことがある。管理者側の対策は，**二段階認証**や**ワンタイムパスワード**を使う，といったことがある。

第 3 章 ── セキュリティ

関連用語

二要素認証　「ID」と「パスワード」の認証に加えて，「指紋」などの生体情報，持ち物による認証など，全く違う要素の認証を複数組み合わせた認証を行うこと。

関連用語

二段階認証　違う方法であれ，同じ方法であれ，2回の認証を行うこと。「ID」と「パスワード」という認証を2回行うことも二段階認証となる。

【問題】（平成29年春期 問95改）

あるWebサイトからIDとパスワードが漏えいし，そのWebサイトの利用者が別のWebサイトで，パスワードリスト攻撃の被害に遭ってしまった。このとき，Webサイトで使用していたIDとパスワードに関する問題点は，同じIDと同じパスワードを設定していたことと考えられる。

解答　○

052 | フィッシング
(phishing)

インターネット上でメールを送り，パスワードなどを盗む詐欺の手法

フィッシングとは，インターネットのユーザから情報（例：ユーザ名，パスワード，クレジットカード情報）を奪うために行われる詐欺行為である。典型的な例では，信頼できる機関になりすましたメールによって偽のWebサーバに誘導することによって行われる。

例えば，銀行から次のようなメールが届く。

> 当行でインターネットバンキングを悪用した不正送金被害が断続的に発生しています。
> 被害に遭わないために，下記のサイトから今すぐパスワードを変更して下さい。
> http://www.A-bank.co.jp/login.html

このURL（httpから始まっているインターネットの住所のようなもの）をクリックすると，銀行のネットバンキングのログイン画面に繋がり，パスワードを変更する。ところが，これは丸ごと詐欺である。メールも偽装であり，そこから銀行のネットバンキングのログイン画面そっくりに作られたニセのWebページに誘導され，パスワードを盗まれることになる。

関連用語

ビジネスメール詐欺
海外の取引先や自社の経営者層等になりすまして，偽の電子メールを送って入金を促す詐欺。最高経営責任者や経営幹部になりすまして送金の指示メールを経理担当者などに送信するタイプや，企業の取引先を装って偽の請求書を添付したり，振込先の変更を依頼するメールを標的の企業の従業員に送りつけたりして，攻撃者が管理している口座に送金させるタイプなど，近年被害が急増している。

【問題1】（平成28年春期 問63改）

フィッシングとは，ウイルスに感染しているPCへ攻撃者がネットワークを利用して指令を送り，不正なプログラムを実行させる攻撃である。

> **解答**　×　フィッシングは，金融機関などからの電子メールを装い，偽サイトに誘導して暗証番号やクレジットカード番号などを不正に取得する攻撃のこと。問題文は「ボットネット」の説明。

【問題2】（平成21年秋期 問73改）

ビジネスメール詐欺とは，Webサイトの閲覧や画像のクリックだけで料金を請求する詐欺のことである。

> **解答**　×　ビジネスメール詐欺はメールなどを組織・企業に送り付け，従業員を騙して送金取引に係る資金を詐取するといった，直接的に金銭を狙う手法。問題文は「ワンクリック詐欺」の説明。

053 | ドライブバイダウンロード (Drive-by Download)

悪意あるウェブサイトにアクセスしただけで，マルウェアをダウンロードさせ感染させる攻撃

第3章　セキュリティ

　ドライブバイダウンロードとは，Web ブラウザなどを介して，ユーザに気付かれないようにソフトウェアなどをダウンロードさせる行為である。ユーザからすれば「見ただけ」で勝手に感染させられる，ということになる。ドライブバイダウンロードが悪質なのは，この一連の「勝手にダウンロード，そしてインストール」という作業がユーザの気づかないところで行われ，無意識のうちに完了してしまうことにある。

　ユーザの防御策としては，いつも見ているサイトだから，有名なサイトだから，有名な会社が運営しているサイトだからという理由だけで過信をせず，セキュリティソフトを必ずインストールする，OS やアプリケーションは最新の状態にする，などの安全性を確保した上でアクセスするようにしたい。

！ファイルがダウンロードされる

閲覧

マルウェア感染

【問題】（平成31年春期 問69改）

ドライブバイダウンロードとは，PC で Web サイトを閲覧しただけで，PC にウイルスなどを感染させる攻撃である。

解答　〇

054 | DDoS攻撃

複数の端末を使い，大量の処理要求を送ってサーバをダウンさせる攻撃手法

ネットワーク環境は問題ないにもかかわらず，普段は問題なくアクセスできていたサイトがある時点から急にアクセスしづらい状態が続くことがある。例えば，人気ライブのチケット販売が始まると販売サイトにアクセスが集中し繋がりづらくなる現象が起きる。これはサーバ側が処理可能な要求を超えることによって起こるものなのだが，これを悪意のある攻撃者が意図的に起こすサイバー攻撃のことをDoS（Denial of Service attack）攻撃とよぶ。

このDoS攻撃を発展させ，攻撃対象により大きな負荷をかけるのがDDoS（Distributed Denial of Service attack）攻撃である。攻撃拠点となる端末が1つだったDoS攻撃を，複数の端末から同時に実行する。複数の攻撃者がいなくとも，第三者の端末を乗っ取り，踏み台として利用することで実現可能となっている。踏み台となる端末が不特定多数となるため，不正通信をブロックするといった対処が難しい。

【問題】（令和元年秋期 問100改）

脆弱性のあるIoT機器が幾つかの企業に多数設置されていた。その機器の1台にマルウェアが感染し，他の多数のIoT機器にマルウェア感染が拡大した。ある日のある時刻に，マルウェアに感染した多数のIoT機器が特定のWebサイトへ一斉に大量のアクセスを行い，Webサイトのサービスを停止に追い込んだ。このWebサイトが受けた攻撃は辞書攻撃と推測できる。

解答　✕　DDoS攻撃と推測される。

055 | DNSキャッシュ
ポイズニング

ディーエヌエス

DNSサーバに偽のDNS情報をキャッシュとして蓄積させ，悪意のあるサイトに誘導させる攻撃

　DNS（→032）はIPアドレスとドメイン名を変換する仕組みであり，それを行っているのが**DNSサーバ（ネームサーバ**ともいう）である。DNSサーバは最初からIPアドレスとドメイン名の組を知っているわけではない。そのため，「**名前解決**」という他のネームサーバに問合せる仕組みが用意されている。問合せにより得た情報を，DNSサーバは一時的に自分の中のメモリに保存することができる。この処理を**キャッシング**といい，一時保存した情報を**キャッシュ**という。過去に行った内容と同じ問合せをする場合は，他のネームサーバへ問合せることなく，キャッシュとして保持している情報を利用して返答する。この仕組みによって，他のサーバへの問合せ回数の減少，DNSやネットワークの負荷軽減，問合せにかかる時間の短縮といった効果が得られる。

　この機能を悪用し，DNSサーバに偽のDNS情報をキャッシュとして蓄積させる攻撃が**DNSキャッシュポイズニング**である。ドメイン名とIPアドレスの対応を変更し有害サイトへ誘導する，DNSを使用不能にして，各種サービスやアプリケーションを動作不能にするといったことを狙っている。

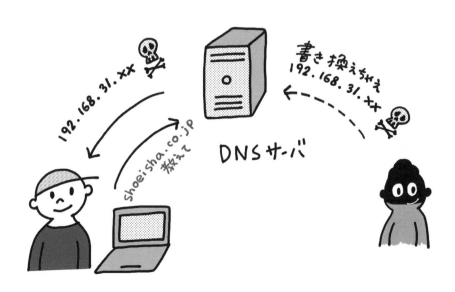

関連用語

**クロスサイト
スクリプティング**

攻撃対象のウェブサイトに，脆弱性がある掲示板のようなWebアプリケーションが掲載されている場合に，悪意のある第三者がそこへ罠を仕掛け，サイト訪問者の個人情報を盗むなどの被害をもたらす攻撃。**スクリプト**とは小さなプログラムのことで，ユーザがスクリプトの仕込まれたリンクをクリックすることで，悪意のあるサイトに誘導されてしまう。

関連用語

**クロスサイト
リクエストフォージェリ**

オンラインサービスを利用するユーザがログイン状態を保持したまま悪意のある第三者の作成したURLなどをクリックした場合などに，本人が意図しない形で情報・リクエストを送信されてしまうこと。フォージェリは「偽造」の意味。

【問題1】（情報セキュリティマネジメント　平成29年秋期　午前 問22改）

DNSキャッシュポイズニングは攻撃対象のサービスを妨害するために，攻撃者がDNSサーバを踏み台に利用して問合せを大量に行う攻撃である。

．．．

　解答　×　DNSキャッシュポイズニングは，PCが参照するDNSサーバに偽のドメイン情報を注入して，利用者を偽装されたサーバに誘導する攻撃。問題文は「DNSリフレクション攻撃」の説明。

【問題2】（平成24年秋期 問60改）

クロスサイトスクリプティングは，Webサイトに入力されたデータに含まれる悪意あるスクリプトを，そのままWebブラウザに送ってしまうという脆弱性を利用する。

．．．

　解答　○

056 | 標的型攻撃 （ひょうてき）

明確な目的を持って特定のターゲットに仕掛けるサイバー攻撃

　多くのマルウェアが不特定多数を対象にした，いわゆる**ばらまき型**なのに対して，**標的型攻撃**は特定の企業や団体を狙って仕掛けられる。明確な目的を持っているため，長い期間にわたり，段階を踏んで侵入することが多いという点も特徴といえる。

　攻撃者は例えば，標的組織やそこに所属する社員について情報収集し，その組織や関連組織の社員，外部から問合せをする人などになりすまし，ウイルスに感染させるためのメールを継続して（執拗に）送る。それも一見して「怪しいメール」ではなく，業務に即したキーワードが入っている。一人でもそれを開いて，感染させられると，攻撃者はそのPCとネットワークに関する情報を収集し，それを踏み台に組織内の他のPCへの不正アクセスを繰り返す。日本においても，日本年金機構や三菱電機などの事例をはじめ，この攻撃の被害は急増している。

【問題】（平成30年秋期 問77改）

標的型攻撃とは，Webページに，利用者の入力データをそのまま表示するフォーム又は処理があるとき，第三者が悪意あるスクリプトを埋め込み，訪問者のブラウザ上で実行させることによって，cookieなどのデータを盗み出す攻撃である。

....

解答　×　標的型攻撃は，特定の攻撃対象をメールなどで巧妙に誘導する攻撃手法。問題文は「クロスサイトスクリプティング」（→055）の説明。

057 | レピュテーションリスク

企業に対するマイナスの評価・評判が広まることによる経営リスク

　レピュテーションとは「評判」のことで，**レピュテーションリスク**は「評判が落ちる危険」という意味になる。企業が経営を行う中で，製品・サービスの品質不正や社員の不祥事などが発生すると，新聞やニュースなどで報道されることになる。また，近年はソーシャルメディアの普及により，マイナスの情報はまたたく間に世間で拡散される。これにより評判が大きく低下すれば，業績悪化や倒産など最悪の事態に陥る可能性もある。

　例えば，アルバイト従業員が飲食店内の食材や備品で遊ぶ様子などをSNSで発信して炎上する「バイトテロ」や，月100時間以上もの残業により過労自殺に追い込まれた従業員のケース，違法建築を会社ぐるみで隠ぺいしていた建築会社のケースなどが挙げられる。一般消費者の「口コミ」も場合によってはリスクになる。

　企業側でもこれらをリスク要素と捉えて管理しようとする動きが広がっている。

炎上！

【問題】（オリジナル）
レピュテーションリスクとは，世間の評判や風評により企業の信用が低下し，業績や株価が悪化してしまうリスクのことである。

解答　〇

058 | リスクマネジメント

リスクを把握し，その影響を事前に回避もしくは最小化する対策を講じる一連の管理プロセス

情報セキュリティにおけるリスクとは，情報資産に対する何らかのよくない影響を原因として，組織に損害が発生する可能性のことをいう。ただし，近年では「悪いことが起きる可能性（**負のリスク**）」だけでなく「よいことが起きる可能性（**正のリスク**）」をリスクに含めるという考え方も普及している。

すべてのリスクに対応することは不可能であり，対応に使えるコストも限られている。したがって，評価したリスクは優先順位を付けて適切な対応を検討する必要がある。

リスクマネジメントは，次の手順で実施され，特に①〜③を**リスクアセスメント**という。

① **リスク特定**：リスクを目に見える形でリストアップする。たくさん挙げることを目標に，関係者が想定するリスクをブレーンストーミングなどで抽出する。

② **リスク分析**：棚卸したリスクの重大さを明らかにする。定量化，数値化が目標となる。具体的には，リスクが顕在化した際の「影響の大きさ」と「発生確率」をひとつひとつ特定し，両方を掛け合わせる。その結果を物差しに，それぞれのリスクがどのくらい重大なものかを比較できるようにする。

③ **リスク評価**：どのリスクに優先的に対応すべきかの判断材料を明確にする。例えば，「影響の大きさ」をx軸，「発生確率」をy軸にとって，リスク分析の結果に従って個々のリスクをマップ上にプロットする。これにより，影響度が大きく，発生確率も高い重大なリスクがどれかが明らかになる。

④ **リスク対応**：リスクへの対応は次の4種類がある。

- **リスク回避**：リスク自体を排除すること。リスクが発生する原因となる情報資産を廃棄したり，業務を停止したりする。
- **リスク移転**：リスクを他者に肩代わりさせること。リスクに備えて保険に加入したり，リスクのある業務を他社に外注（アウトソーシング）したりする。
- **リスク低減（最適化）**：リスクによる損失を許容できる範囲内に軽減させること。リスクの発生率を小さくしたり，発生した場合の損害額を低減したりする対策を講じる。
- **リスク受容（保有）**：損失額が小さく，発生率の小さいリスクに対して，対策を講じないでリスクをそのままにしておくこと。

リスク移転
自動車保険に入っておこう

リスク受容
めったに乗らないから何もしないよ

リスク回避
危ないから乗らない…

リスク低減
自車がブレーキの車に乗り換えた

【問題1】（令和元年秋期 問56改）

リスクマネジメントにおける，リスクアセスメントとはリスク特定，リスク評価，リスク対応を指す。

....

　解答　×　リスクアセスメントとはリスク特定，リスク分析，リスク評価を指す。

【問題2】（平成30年春期 問47改）

プロジェクトにおけるリスクには，マイナスのリスクとプラスのリスクがある。スケジュールを前倒しすると全体のコストを下げられるとき，プログラム作成を並行して作業することによって全体の期間を短縮することは，プラスのリスクへの対応策となる。

....

　解答　○

059 | 情報セキュリティの要素

情報セキュリティの3要素とは機密性，完全性，可用性である。

そもそも情報セキュリティとは，情報資産の機密性，完全性，可用性を維持することとされている。頭文字をとって「CIA」とよばれる。

- **機密性**（Confidentiality）：情報へのアクセス許可のある人だけが情報を利用することができ，許可のない者は情報の使用，閲覧が出来ないようにすること。インシデントの例は情報漏洩など。
- **完全性**（Integrity）：情報に矛盾，欠落，重複，改ざんなどがないこと。インシデントの例は情報の改ざんや削除など。
- **可用性**（Availability）：利用者が情報システムを使いたいときに使えること。インシデントの例はサーバダウンやシステム停止など。

「CIA」の3要素以外に次の4要素を加えて，情報セキュリティの7要素という場合もある。

- **責任追跡性**（Accountability）：ユーザIDなどで利用者が特定でき，利用者の行動，責任が説明できること。
- **真正性**（Authenticity）：情報システムの利用者が，確実に本人であることを確認し，なりすましを防止すること。
- **否認防止**（Non-repudiation）：ある活動又は事象が起きたことを，後になって否認されないように証明できること。
- **信頼性**（Reliability）：システムが矛盾なく，一貫して動作すること。

【問題1】（平成24年秋期 問83改）

営業情報の検索システムが停止し，目的とする情報にアクセスすることができなかったのは，情報セキュリティの3要素のうち，完全性が低下した事例といえる。

解答　×　可用性が低下した事例である。

【問題2】（平成26年春期 問84改）

システムで利用するハードディスクをRAIDのミラーリング構成にすることによって，高めることができる情報セキュリティの要素は真正性である。

解答　×　問題文は「可用性」を高める事例である。

060 | セキュリティポリシ

企業や組織が情報セキュリティを保つための全体的な指針や方針を定めたルール

　企業や組織のセキュリティ対策を効率よく，効果的に行うための指針を明文化したもの。通常経営層が策定し，ホームページなどで広く宣言することとなる。

　あくまでも，方針であり，決まった定型文はないが，一般的には次のような内容となる。

- **基本方針**　→　組織全体での理念や指針
- **対策基準**　→　基本方針を実現するための規則
- **実施手順**　→　対象者や運用手続きの詳細の明確化

「基本方針」，「対策基準」の2つの要素を「**情報セキュリティポリシ**」として整理し，「実施手順」を「細則」として個別対策などを盛り込んで肉付けすることが多い。

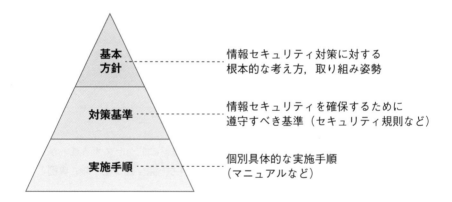

基本方針 ……… 情報セキュリティ対策に対する
　　　　　　　　根本的な考え方，取り組み姿勢

対策基準 ……… 情報セキュリティを確保するために
　　　　　　　　遵守すべき基準（セキュリティ規則など）

実施手順 ……… 個別具体的な実施手順
　　　　　　　　（マニュアルなど）

関連用語

プライバシポリシ　企業が自社における個人情報の利用目的や管理方法を文章にまとめて公表したもの。

基本方針

わが社のセキュリティ方針は
これです!

対策基準

利用者IDと
パスワードの発行・停止は
本社で 迅速に行う

実施手順

パスワードは,
10桁以上で
英数字を混在させる

【問題1】（令和元年秋期 問84改）

内外に宣言する最上位の情報セキュリティポリシに記載することとして，守る対象とする具体的な個々の情報資産が挙げられる。

....

　解答　×　最上位の情報セキュリティポリシには，経営陣が情報セキュリティに取り組む姿勢などを記載する。守る対象の情報資産については情報資産管理台帳に記載する。

【問題2】（平成26年秋期 問61改）

情報セキュリティポリシは，情報セキュリティ基本方針だけでなく，情報セキュリティに関する規則や手順も社外に公開することが求められている。

....

　解答　×　社外に公開することが求められるのは基本方針だけで，規則や手順を公開することは逆にセキュリティ上好ましくない。

061 | 情報セキュリティ関連組織

インシデントを未然に防止する，または，起きてしまったインシデントに対応するために，企業単位，自治体単位，国単位で様々な組織が活躍している

代表的な情報セキュリティ関連組織として下記のものがある。

- **CSIRT**（シーサート）（Computer Security Incident Response Team）：セキュリティインシデントに関する報告を受け取り，調査し，対応活動を行う組織の総称。具体的な組織を指すものではなく，企業内CSIRTもあれば，国家レベルのCSIRTもある。
- **JPCERT/CC**（ジェイピーサート・シーシー）：インターネットを介して発生する侵入やサービス妨害等のコンピュータセキュリティインシデントについて，日本国内のサイトに関する報告の受け付け，対応の支援，発生状況の把握，手口の分析，再発防止のための対策の検討や助言などを，技術的な立場から行う一般社団法人。

  JPCERT/CCとIPAにより共同で運営されている脆弱性対策情報ポータルサイトが**JVN**（ジェイブイエヌ）（Japan Vulnerability Notes）である。これは日本で使用されているソフトウェアなどの脆弱性関連情報とその対策情報を一般に提供し，情報セキュリティ対策に資することを目的としている。このサイトでは，"JVN#12345678"などの形式の識別子を付けて脆弱性情報を管理している。

- **情報セキュリティ委員会**：情報セキュリティ対策を管理するための社内の組織。「情報セキュリティ対策基準」（経済産業省）の中で，設置するよう求められている。

- SOC (Security Operation Center)：システムが発するアラートやセキュリティインシデントの予兆を専門のスタッフが24時間365日体制で監視し，インシデント発生時にはCSIRTへ報告を行うとともに支援を行う機関，または組織内の部署。
- IPA (情報処理推進機構)：IT国家戦略を技術面，人材面から支える目的で設立された，経済産業省所管の独立行政法人。ITパスポート試験の実施機関でもある。
- サイバーレスキュー隊 (J-CRAT)：IPAが行っている，サイバー攻撃被害の低減や遮断を支援する取組み。
- サイバー情報共有イニシアティブ (J-CSIP)：サイバー攻撃の情報をIPAに報告し，参加組織に情報を共有する取組み。
- 内閣サイバーセキュリティセンター (NISC)：2015年1月，官民における情報セキュリティ対策の推進に関する企画および立案，ならびに総合調整を行う目的で，内閣官房に設置された組織。

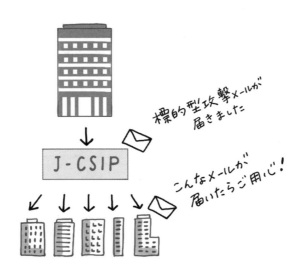

【問題】（平成30年秋期 問98改）

CSIRTは，コンピュータやネットワークに関するセキュリティ事故の対応を行うことを目的とした組織である。

....

解答　○

| # 共通鍵暗号方式

暗号化と復号で同じ鍵を使用する暗号化の方式

　暗号化の目的は盗聴対策である。公衆回線を使う以上，データを盗聴されることを完全に防止することはできず，盗聴されても分からないようにするしかない。「SHOEISHA」（平文）を「UJQGKUJC」（暗号文）にすることを暗号化という。受信した側は暗号文を平文に戻す。これを復号という。

　暗号化の方式には大きく分けて共通鍵暗号方式と公開鍵暗号方式の2通りがある。

　共通鍵暗号方式は，暗号化および復号に使う鍵が同じ暗号化方式である。暗号文を送受信する場合は，送信者と受信者で同じ鍵を使用することになる。「送信者は宝物を箱に入れて，鍵をかける。鍵は封筒に入れて書留で送る。箱は宅配便で送る。受信者は鍵と箱を受け取り，鍵で箱を開けて宝物を取り出す」というイメージといえる。

　共通鍵暗号方式はシンプルなので，高速に暗号化・復号が可能となる。しかし，事前に相手に鍵を安全に配布することが難しい。また暗号化通信を行う相手の数だけ，鍵を保有する必要があるので，鍵の数が多くなってしまうデメリットもある。

　代表的な共通鍵暗号方式として，DES暗号方式，AES暗号方式などがある。

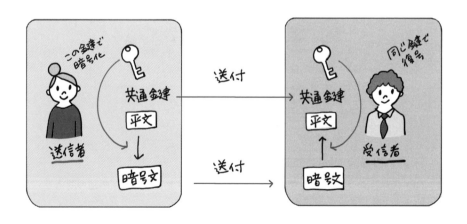

公開鍵暗号方式

暗号化と復号に使用する鍵が異なる暗号化の方式

公開鍵暗号方式の鍵は2つで1組である。受信者が暗号化に使用する鍵を公開し、復号に使用する鍵は秘密にする。このようにすれば、誰でも公開鍵を使って暗号化を行え、復号できるのはそれとペアになる秘密鍵をもつ本人だけとなる。イメージとしては「受信者が南京錠（上に掛け金のついたカチッとかける錠）を多数の送信者に送っておく。送信者は宝物を箱に入れて、その南京錠で鍵をかける。箱を宅配便で送る。受信者は自分だけが秘密で持っている鍵で南京錠を開けて宝物を取り出す」という感じである。

公開鍵暗号方式はアルゴリズムがやや複雑で、暗号化や復号の処理に時間がかかる。一方で自分の秘密鍵と公開鍵の2種類を管理するだけで済むので、鍵の管理が容易であり、不特定多数との通信に役立つ。

代表的な公開鍵暗号方式として、RSA暗号方式、楕円鍵暗号方式などがある。

COLUMN 暗号化の歴史

　現存する最古の暗号は，紀元前3000年頃の石碑に描かれているヒエログリフ（古代エジプトで使われた象形文字）であるとされている。紀元前1世紀に登場したシーザー暗号は，ジュリアス・シーザーが頻繁に利用したことから名づけられ，暗号史で登場する幾多の方式の中でもとりわけ有名な暗号方式である。元の文章のアルファベットをある数だけずらして暗号化するもので，Aを3つずらして，Dにするような方式である。

　共通鍵暗号方式のDES暗号方式は，1973年米国商務省標準局が採用したものである。DESの鍵は56ビットで，56ビットの鍵の組み合わせは2の56乗で約7京もあり，解読するのは不可能に近いとされていたが，1994年に解読された。現代では，使用が推奨されていない。

　暗号の歴史は，暗号開発者と暗号解読者の「知恵くらべ」の歴史といえる。

【問題】（平成29年秋期 問66改）

共通鍵暗号方式がもつ特徴として，個別に安全な通信を行う必要がある相手が複数であっても，鍵は1つでよいことが挙げられる。

....

　解答　×　問題文は公開鍵暗号方式の特徴。共通鍵暗号方式では，通信相手ごとに鍵を用意する必要がある。

【問題】（平成31年春期 問75改）

AさんはBさんだけに伝えたい内容を書いた電子メールを，公開鍵暗号方式を用いてBさんの鍵で暗号化してBさんに送った。この電子メールを復号するために必要な鍵はBさんの秘密鍵である。

....

　解答　○

064 | ハイブリッド暗号方式

共通鍵暗号方式と公開鍵暗号方式の長所を組み合わせて作られている暗号化方式

　共通鍵暗号方式と公開鍵暗号方式の欠点を補うために，共通鍵の暗号化を公開鍵暗号方式で行う暗号化方式を**ハイブリッド暗号方式**という。

①送信者は，共通鍵を作成する。

②平文をその共通鍵で暗号化し（暗号文），共通鍵を受信者の公開鍵を用いて公開鍵暗号方式で暗号化する（共通鍵の暗号化データ）。

③送信者は，暗号文と共通鍵の暗号化データを送信する。

④受信者は，共通鍵の暗号化データを，自分の秘密鍵を用いて公開鍵暗号方式で復号し，得た共通鍵で暗号文を復号する。

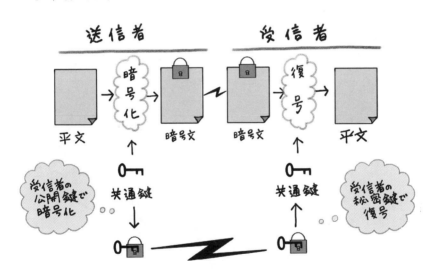

【問題】（オリジナル）

ハイブリッド暗号方式は，平文の暗号化に使う公開鍵を共通鍵暗号方式で暗号化して送付する方式である。

　　解答　✕　問題文では「公開鍵」と「共通鍵」が逆になっている。

065 VPN
ブイピーエヌ
(Virtual Private Network)

ネットワーク上に仮想的な自分だけの通信回線を実現する技術

VPNを直訳すると「仮想専用線」となる。インターネット上に仮想の専用線を設定し、特定の人のみが利用できる専用ネットワークといえる。

VPNは、主に認証、暗号化、トンネリングという3つの技術で成り立っている。

- **認証**：なりすましを防止するために、通信先が正しい相手であるかを確認する技術。アカウント情報（ID、パスワード）などを照合して確認する。
- **暗号化**：データの盗聴や改ざんなどを防止するために、第三者が理解できないようにデータを変換する技術。
- **トンネリング**：インターネットなどを介したネットワーク同士を、あたかも同一のネットワークのように繋げる技術。転送したいパケットを、新たなパケットで丸ごと包み込む（カプセル化）ことで実現する。

公衆回線を利用するため、専用回線を敷設するのに比べコストを低く抑えることが可能である。

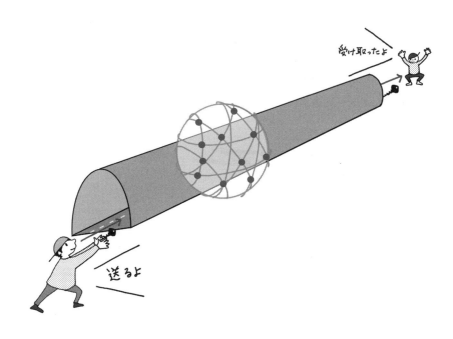

実現には様々な方法があるが，代表的な方法は次の2つである。

- **インターネットVPN**：既存のインターネット回線を活用する。少ないコストで回線を構築できるが，通信速度や通信品質は，利用しているインターネット環境に左右される。
- **IP-VPN**：大手通信事業者が用意した閉域網（物理的にインターネットとは繋がっていない回線網）を利用する。通信事業者と契約者のみが利用できる閉ざされたネットワークであるため，暗号化しなくとも安全な通信が可能になる。ある程度の通信帯域も確保されているため，安定した通信を行うことができるが，コストは高くなる。

関連用語

専用線　　拠点間をあたかも1本の専用のケーブルで接続しているかのように扱うことができるWANサービス。通信速度が保証され可用性も高いが，コストは非常に高い。現在でも，警察電話・消防電話などで活用されている。

【問題1】（平成31年春期 問79改）

VPNの特徴に，アクセスポイントを経由しないで，端末同士が相互に無線通信を行うことが挙げられる。

· ·

解答　×　VPNは無線通信の仕組みではない。問題文は，無線LANの「アドホックモード」（→027）に関する説明。

【問題2】（平成27年秋期 問45改）

インターネットなどの共用のネットワークに接続された端末同士を，暗号化や認証によってセキュリティを確保して，あたかも専用線で結んだように利用できる技術をVPNという。

· ·

解答　○

| # 生体認証

人の身体的な特徴や行動的な特徴を使って認証する技術

　もともと認証とは対象が確かであることの確認である。本人認証はある人が他の人に自分が確かに本人であると証明することとなる。本人認証の方式には，以下のようなものがある。

- **知識による認証**：パスワードなどの知識を認証に使う。手軽だが，本人が忘れたり，他人に使われたりする可能性がある。
- **持ち物による認証**：ICカードや社員証などの持ち物を認証に使う。通常，ICカードそのものの複製は困難だが，ユーザが紛失したり，盗まれたりする可能性がある。
- **生体認証（バイオメトリクス認証）**：指紋，顔，声紋，虹彩（瞳の周りにある円盤状の膜），網膜など人間の身体的特徴を認証に使う。署名するときの速度や筆圧といった行動的特徴を使うこともある。複製や盗難は事実上不可能である。一方，**本人拒否率**（本人であるにもかかわらず拒否される確率）や**他人受入率**（他人であるにもかかわらず許可される確率）を考慮する必要がある。

　3つのうちの複数の方式を組み合わせた**多要素認証**も普及しつつある。

関連用語

SMS認証
エスエムエス

多くのスマートフォンが対応しているSMS（ショートメッセージサービス）を活用した，個人認証機能の通称。SMSで認証コードの文字列を送り，その入力を求めることで本人認証する方式が多い。Webサイトやクラウドサービスを利用するときの個人認証を強化する目的などに利用される。SMS以外にも音声通話（携帯電話番号宛てに自動音声で，かかってくる）を選択できることもある。いずれにしても，ユーザID/パスワードを補完してセキュリティを強化するという狙いは同じである。

COLUMN　10年前の私

　指紋や声は経年変化が大きく，虹彩や静脈は比較的小さいといわれている。では，顔はどうだろうか。スマートフォンの顔認証でマスクをしていると認証されないこともあるようだ。

　NECが開発した顔認証システムは2019年のアメリカ政府機関の顔認証技術コンテストで世界No.1の評価を獲得した。実験者が，メガネを外し，帽子をかぶり，ヒゲまでつけて変装しても，本人の顔をきちんと呼び出すことに成功。また，10年ほど前の写真を使って認識させてみると，こちらも間違わずに，認証できたそうだ。今後もこの技術は進歩するだろう。

【問題1】（平成31年春期 問76改）

バイオメトリクス認証には，筆跡やキーストロークなどの本人の行動的特徴を利用したものも含まれる。

　解答　○

【問題2】（令和元年秋期 問88改）

読みにくい文字列が写った画像から文字を正確に読み取れるかどうかで認証するのは，バイオメトリクス認証の一例である。

　解答　×　問題文は「CAPTCHA」の例である。コンピュータが機械的にアクセスすることを防止する役割がある。
キャプチャ

067 ディジタル署名

データに電子的に署名すること。送信者が正しいことと伝送経路上でデータが改ざんされていないことを保証できる

ディジタル署名（電子署名）は，メッセージの正当性，つまり，発信者になりすましがなく確かに本人によってメッセージが作成されたことを確認すること（**本人認証**）と，メッセージの内容が改ざんされていないこと（**メッセージ認証**）を同時に保証する技術である。

ハッシュ値とは，元のメッセージから一定の計算手順（**ハッシュ**関数）により求められる値である。異なるメッセージから同じハッシュ値は生まれないこと，ハッシュ値からメッセージは復元できないことが，ポイントとなる。

暗号化と混同しやすいが，そもそも目的が異なる。暗号化は盗み見対策，ディジタル署名はなりすまし・改ざん対策である。公開鍵と秘密鍵の使い方も逆なので，整理しておきたい。

署名付きの文書を送る手順は次のものである。

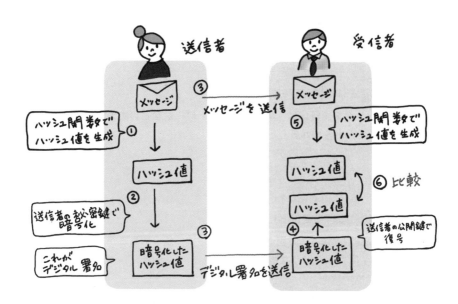

● 送信者の作業

　①送信者は，**ハッシュ**関数を使用してメッセージのハッシュ値を生成する

　②ハッシュ値を送信者の秘密鍵で暗号化する　←これがディジタル署名

　③メッセージとディジタル署名（暗号化したハッシュ値）を送信する

● 受信者の作業

　④受信者は，届いたディジタル署名を送信者の公開鍵で復号する

　⑤送信者と同じハッシュ関数を使用して，受信したメッセージからハッシュ値を
　　生成する

　⑥この2つを比較する。一致すれば，次のことが証明される

● 送信者の公開鍵で正しく復号できる暗号文を作成できるのは，その送信者しかい
　ない。したがって，メッセージは本人から送られたものである。

● メッセージは改ざんされていない（改ざんされていれば，ハッシュ値は異なる値
　となる）。

【問題】（平成28年秋期 問55改）

電子メールにディジタル署名を付与することにより，電子メールが途中で盗
み見られることを防止できる。

　解答　× ディジタル署名は「改ざん」と「なりすまし」への対策。盗聴対策としては通
　信内容の暗号化が有効。

データを暗号化し，送受信するためのプロトコル

SSL（Secure Sockets Layer）/TLS（Transport Layer Security）を利用してパソコンとサーバ間の通信データを暗号化することで，第三者によるデータの盗聴や改ざんなどを防ぐことができる。主にWebブラウザとWebサーバ間でデータを安全にやり取りするための業界標準プロトコルとして使用されている。SSLは3.0以降，TLS1.0という名称に変更されている。ただ，SSLの名称がまだ一般に広く認知されているため，SSL/TLSと併記されることも多い。

SSL/TLSが導入されているWebページ，つまり通信が暗号化されていて安全なWebページでは，ブラウザのアドレスバーに表示されるURLが「http://」にセキュア（Secure）を表す「s」が付き，「https://」になる（→037）。

SSL/TLSを利用するには，サーバにSSLサーバ証明書を導入する必要がある（これはなぜか「TLSサーバ証明書」ではなく「SSLサーバ証明書」と呼ぶことが多い）。SSLサーバ証明書は認証局（CA：Certification Authority）とよばれる信頼のおける第三者機関が発行する電子的な証明書である。

【問題】（平成30年春期 問57改）

SSL/TLSによる通信内容の暗号化を実現させるためには，サーバ証明書が必要である。

解答　○

069 | ファイアウォール

ネットワークとネットワークの間で不正アクセスをブロックするためのシステム

ファイアウォールは元々「防火壁」の意味である。自宅や勤務先のネットワーク（内部ネットワーク）とインターネットを含む外部ネットワークの間に設置して，外部からの攻撃や侵入を防ぐ。ファイアウォールは，ポート制御をする機能がある。インターネットを利用する時には，PCはポートという出入口を開く（→034）。ファイアウォールが不正な侵入を感知した際，ポート自体を閉じるように設定している。

また，ファイアウォールが機能していると，内部から発せられる不審な動きにもポートを制御し，外部へのアクセスを封じる機能もある。ウイルスの外部配信など内部不正もブロックできる。

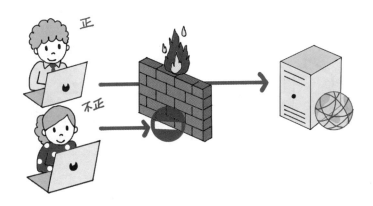

【問題】（平成24年秋期 問62改）
無線LANの通信は電波で行われるため，適切なセキュリティ対策が欠かせない。無線LANアクセスポイントにパーソナルファイアウォールを導入することは，セキュリティ対策として有効である。

解答　×　ファイアウォールは，内部と外部のネットワークの境界に設置して，内部ネットワークを守る役目を担う。アクセスポイントに接続しようとする端末はアクセスポイントの内部ネットワークに位置することになるので，通常のファイアウォールで不正アクセスを防ぐことはできない。

_{ディーエムゼット}

070 | DMZ
(De Militarized Zone)

危険なエリアと安全なエリアの中間に置く「緩衝エリア」

　DMZ（非武装地帯）はインターネットと社内LANの間にあるネットワークで，公開サーバ類（例：Webサーバ，メールサーバ，DNSサーバなど）を設置する。インターネットから直接アクセスされる領域なので，ファイアウォールでセキュリティを強化するためである。もし，Webサーバを社内ネットワークに置くと，万が一乗っ取られたり（リモートハッキング），悪意のあるマルウェアなどを組み込まれたりした場合，社内ネットワークに接続されているその他のサーバやパソコンがすべて被害を受ける可能性がある。DMZ内にWebサーバを設置して，社内ネットワークと隔離することで，不正侵入された後のマルウェアの感染拡大を防いだり，業務システムなどへの侵入による機密情報の漏洩を防止したりすることが可能になる。

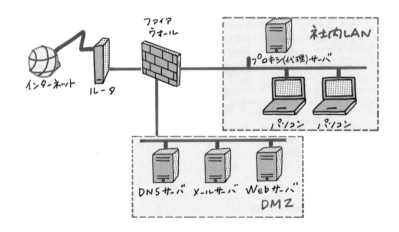

【問題】（令和元年秋期 問92改）

外部と通信するメールサーバをDMZに設置するのは，メーリングリストのメンバのメールアドレスが外部に漏れないようにするためである。

解答　×　外部から攻撃を受ける可能性の高いサーバをDMZに設置するのは，攻撃の被害が内部ネットワークに及ぶリスクを低減するため。

071 ディジタルフォレンジックス

セキュリティインデントの発生時に，原因究明や法的証拠を確保するために電子的記録を収集・解析すること

「フォレンジックス」とは，直訳すると「法廷の」という意味で，法的証拠を見つけるための鑑識調査や情報解析に伴う技術や手順のことを指す。物理的に泥棒に入られたら，足跡や指紋を採取して法的な証拠とする。しかし，ディジタルインシデントの場合は足跡や指紋は残らない。そこで，PC・スマートフォンなどの端末やサーバ，ディジタル家電などの電子機器に蓄積されるディジタルデータに法的証拠能力を持たせる一連の手続きを**ディジタルフォレンジックス**という。

【問題】（平成30年春期 問97改）

ディジタルフォレンジックスの目的は，情報漏えいなどの犯罪に対する法的証拠となり得るデータを収集して保全することである。

解答　○

072 | PDCAサイクル

ピーディシーエー

Plan（計画）・Do（実行）・Check（評価）・Act（改善）を繰り返すことで継続的な改善を行う

　PDCAとは「Plan（計画）」，「Do（実行）」，「Check（評価）」，「Act（改善）」の頭文字をとったもので，業務の効率化を目指す方法の1つである。日本では1990年代後半からよく使われるようになった方法で，計画から改善までを1つのサイクルとして行う。

　Plan 　　：目標を設定し，業務計画を作成する段階
　Do 　　 ：計画を実際にやってみる段階
　Check ：実行した内容を検証する段階
　Act 　　：検証結果を検討し，今後どのような対策や改善を行っていくか検討する
　　　　　　段階

　PDCAはサイクルで，始まりも終わりもない。Actの段階が終了して改善した時点をまた新たなベースラインとして，Planに戻っていく。

　前項のISMSの国際規格でも特に重視されているのが「PDCAサイクルを回して継続的改善をし続けること」である。

関連用語

OODAループ
（ウーダ）

意思決定と行動に関する理論。Observe（観察），Orient（状況判断，方向づけ），Decide（意思決定），Act（行動）の4つの行動の頭文字をとったものである。PDCAが「計画を立ててから行動する」のに対し，OODAループは「状況をみてとりあえずやってみる」ところから始まるのが特徴。

【問題1】（平成30年秋期 問56改）

サービスデスクの顧客満足度に関するサービスレベル管理において，測定した顧客満足度と目標値との差異を分析することは，PDCAサイクルのAに当たる。

解答　×　PDCAサイクルのCに当たる。Aはそれを踏まえて，改善策を考えたり実施したりすることである。

【問題2】（令和元年秋期 問68改）

1年前に作成した情報セキュリティポリシについて，適切に運用されていることを確認するための監査を行った。この活動はPDCAサイクルのCに該当する。

解答　○

073 | ISMS (Information Security Management System)
アイエスエムエス

情報セキュリティ管理システム。ISMSの要求事項を定めた国際規格が「ISO/IEC 27001」で，日本語訳したものが「JIS Q 27001」

ISMSは，組織の情報セキュリティを管理するための仕組みを指す。

ISMSの目標は，情報の機密性，完全性及び可用性（→059）を維持し，かつ，リスクを適切に管理しているという信頼を利害関係者に与えることにある。この仕組みが整っていることを評価する制度がISMS適合性評価制度である。認定を受けるには国際規格であるISO/IEC27001および同等の国内規格JIS Q 27001に定められた要求事項を満たし，体制を整備して継続的に実施することが求められる。対外的に情報セキュリティへの取組みをアピールすることができるので，各企業が取得したり，取得を目指したりしている。

すべて「セキュリティマネジメント」の一部

【問題】（平成29年秋期 問80改）

ISMS適合性評価制度において，組織がISMS認証を取得していれば，組織が運営するWebサイトを構成しているシステムには脆弱性がないと判断できる。

解答 ×　ISMS認証により判断できるのは，組織が情報資産を適切に管理し，それを守るための取組みを行っていることで，セキュリティレベルそのものではない。

問1 (令和2年10月 問66)

バイオメトリクス認証で利用する身体的特徴に関する次の記述中のa, bに入れる字句の適切な組合せはどれか。

バイオメトリクス認証における本人の身体的特徴としては、 a が難しく、 b が小さいものが優れている。

	a	b
ア	偽造	経年変化
イ	偽造	個人差
ウ	判別	経年変化
エ	判別	個人差

問2 (令和2年10月 問68)

リスク対応を、移転、回避、低減及び保有に分類するとき、次の対応はどれに分類されるか。

〔対応〕
職場における机上の書類からの情報漏えい対策として、退社時のクリアデスクを導入した。

ア 移転　　イ 回避　　ウ 低減　　エ 保有

問3 (令和2年10月 問76)

従業員に貸与するスマートフォンなどのモバイル端末を遠隔から統合的に管理する仕組みであり、セキュリティの設定や、紛失時にロックしたり初期化したりする機能をもつものはどれか。

ア DMZ　　イ MDM　　ウ SDN　　エ VPN

問4（令和2年10月 問78）

通信プロトコルとして TCP/IP を用いる VPN には，インターネットを使用するインターネット VPN や通信事業者の独自ネットワークを使用する IP-VPN などがある。インターネット VPN ではできないが，IP-VPN でできることはどれか。

ア IP 電話を用いた音声通話 　　イ 帯域幅などの通信品質の保証
ウ 盗聴，改ざんの防止 　　　　エ 動画の配信

問5（令和2年10月 問87）

ISMS における情報セキュリティに関する次の記述中の a，b に入れる字句の適切な組合せはどれか。

情報セキュリティとは，情報の機密性，　a 　及び可用性を維持することである。さらに，　b 　，責任追跡性，否認防止，信頼性などの特性を維持することを含める場合もある。

	a	b
ア	完全性	真正性
イ	完全性	保守性
ウ	保全性	真正性
エ	保全性	保守性

問6（令和2年10月 問89）

PDCA モデルに基づいて ISMS を運用している組織の活動において，PDCA モデルの A（Act）に相当するプロセスで実施するものとして，適切なものはどれか。

ア 運用状況の監視や運用結果の測定及び評価で明らかになった不備などについて，見直しと改善策を決定する。
イ 運用状況の監視や運用結果の測定及び評価を行う。
ウ セキュリティポリシの策定や組織内の体制の確立，セキュリティポリシで定めた目標を達成させる手順を策定する。
エ セキュリティポリシの周知徹底やセキュリティ装置の導入などを行い，具体的に運用する

問7（令和2年10月 問93）

無線LANにおいて，PCとアクセスポイント間の電波傍受による盗聴の対策として，適切なものはどれか。

    ア　MACアドレスからフィルタリングを設定する。
    イ　アクセスポイントからのESSID通知を停止する。
    ウ　アクセスポイントのESSIDを推定しにくい値に設定する。
    エ　セキュリティの設定で，WPA2を選択する

問8（令和2年10月 問97）

公開鍵暗号方式では，暗号化のための鍵と復号のための鍵が必要となる。4人が相互に通信内容を暗号化して送りたい場合は，全部で8個の鍵が必要である。このうち，非公開にする鍵は何個か。

    ア　1　イ　2　ウ　4　エ　6

解説

問1

バイオメトリクス認証は，指紋や静脈のパターンなど固有性の高い人間の身体的特徴をデータ化して本人確認に用いる認証方式である。

a.　偽造が難しい方が本人確認手段として優れている。判別が難しいものだと本人を認識できないリスクや，他人を本人と誤ってしまうリスクが高くなる。

b.　経年変化が小さいものを利用することで，長く利用できる。指紋や声は比較的経年変化が大きく，虹彩や静脈のパターンは小さいといわれている。

解答：ア

問2

リスク対応は，次の4つに分類される。

● **回避**：リスク自体を排除する。

● **移転（転嫁）**：リスクを他者に肩代わりさせる。

● **低減（軽減・最適化）**：リスクによる損失を許容できる範囲内に軽減させる。

● **保有（受容）**：損失額が小さく，発生率の小さいリスクに対して，対策を講じない。

クリアデスクは自席の机の上に情報を記録したものを放置したまま離席しないことである。これにより，書類などを盗み見られたり，USBを紛失したりというリスクを小さくできる。が，ゼロにはならない。したがって，リスク低減といえる。

解答：ウ

問3（令和2年10月 問76）

ア　DMZ（DeMilitarized Zone）は，内部LANとインターネットの間に位置する中間的なエリアで，公開サーバ類を配置する。

イ　適切な選択肢。MDM（Mobile Device Management：モバイル端末管理）は，スマートフォンやタブレットなどの携帯端末を業務で利用する際に一元的に管理するための仕組みのこと。端末紛失時のリモート制御やセキュリティの設定機能を持つ（→099）。

ウ　SDN（Software-Defined Networking）は，ソフトウェア制御によりネットワークを構築する技術のこと。

エ　VPN（Virtual Private Network）は仮想的な専用回線を構築する技術のこと。

解答：イ

問4

VPN（Virtual Private Network）は仮想的な専用回線を構築する技術のこと。代表的な実現方法は次の2つ。

● **インターネットVPN**

既存のインターネット回線を活用する。コストは安価だが，通信速度や通信品質は，利用しているインターネット環境に左右される。

● IP-VPN

大手通信事業者が用意した閉域網を利用する。コストは高価だが，ある程度の通信帯域が確保されているため，安定した通信を行うことができる。

解答：イ

問5

情報セキュリティの3要素は次のものである。

- **機密性**：許可のある人だけが情報を利用することができること。
- **完全性**：情報に矛盾，欠落，重複，改ざんなどがないこと。
- **可用性**：利用者が情報システムを使いたいときに使えること。

さらに次の4要素を加えて情報セキュリティの7要素という場合もある。

- **責任追跡性**：利用者が特定でき，利用者の行動，責任が説明できること。
- **真正性**：なりすましを防止すること。
- **否認防止**：ある事象が起きたことを，後になって否認されないように証明できること。
- **信頼性**：システムが矛盾なく，一貫して動作すること。

解答：ア

問6

PDCAモデルはPlan（計画）・Do（実行）・Check（評価）・Act（改善）を繰り返すことで継続的な改善を行う手法である。

- ア 「見直しと改善」からActに相当する。
- イ 「測定及び評価」からCheckに相当する。
- ウ 「手順を策定する」からPlanに相当する。
- エ 「具体的に運用する」からDoに相当する。

解答：ア

問7

- ア **MACアドレスフィルタリング**は，無線LANのアクセスポイントにアクセスする端末を限定するもので，不正アクセス対策に該当する。
- イ，ウ **ESSID**の通知を停止したり，推測されにくい値にしたりすることは，アクセスポイントの存在を隠すもので，不正アクセス対策に該当する。
- エ 適切な記述。**WPA2**によって暗号化することで，盗聴対策になる。

解答：エ

問8

公開鍵暗号方式では，それぞれが2つの鍵をもち，片方を公開し，片方を非公開にする。4人が相互に暗号化通信を行う場合，非公開にする鍵はそれぞれ1つずつで，計4個となる。

解答：ウ

第 4 章
コンピュータ
基礎

074 | ディジタル表現

コンピュータの内部では，すべてのデータが0と1で表現されている

コンピュータ内部ではすべての情報を**0と1**の2値の組合せで表現している。数値や文字はもちろん，画像も音声もこの0と1の組合せで表現される。これをディジタル表現という。この0か1かで表される1個分の情報量のことを**1ビット**（bit）という。また8ビットまとまると**1バイト**（byte）となる。

逆に連続した値で表現されるのが**アナログ**である。

私たちが普段使っている数値は**10進数**である。0〜9の10種類の数字を使って表し，10になると桁が上がる。コンピュータで扱うのは**2進数**となる。0と1の2種類の数字を使って表し，2になると桁が上がって10（「じゅう」ではなく「いちぜろ」）となる。

つまり，10進数で1の位，10の位，100の位，1000の位というように位取りが10倍なのに対し，2進数では1の位，2の位，4の位，8の位，16の位……と2倍の重さの位取りとなる。

例えば「01011101」を10進数に直してみる。これは下位桁（右側）から1の位，2の位，4の位，8の位，16の位，32の位，64の位，128の位なので，「1」のところだけ加算すると，

64＋16＋8＋4＋1＝93

となる。2進数の「01011101」は10進数では「93」になる。

COLUMN　2進数で数えてみよう

突然ですが，ここでクイズ！

① 10進数の「0,1,2」は2進数では「0,1,10」。では，10進数の「3から9」までは？

② 2進数の1000は10進数ではいくつ？

③ 2進数の0101を2倍すると2進数でいくつ？

答

① 1ずつ大きくしていけばいいので，10に1を足すと11となり，11に1を足すと，桁が上がる（10進数なら99に1を足すような感じ）。つまり，11に1を足すと100になる。この調子で足していこう。

```
0,  1,  10,  11,  100,  101,  110,  111,  1000,  1001  …2進数
0,  1,   2,   3,    4,    5,    6,    7,     8,     9   …10進数
```

② 右（下位桁という）から1の位，2の位，4の位，8の位なので正解は8。

③ これはもちろん10進数に直して，2倍して，また2進数に直してもいい。

だがちょっと考えてみてほしい。10進数で123を10倍するとどうなる？そう，1230。一番右に0を書けば10倍になる。2進数で0101を2倍すると，同じ理屈で01010となる。

【問題】（平成23年秋期　問72改）

10進数の2，5，10，21を，五つの升目の白黒で次のように表す時，
■■□□□が表す数値は20である。

2　　□□□■□
5　　□□■□■
10　□■□■□
21　■□□□■

解答　×　2進数にみたてて，□が0，■が1とすると■■□□□は11000となり，16+8＝24となる。

画像は色のついた点を二次元（縦横）に並べることで，ディジタル化している

コンピュータ内部では，画像も0と1で表現している。画像は点（画素・ピクセル）に分割して，それぞれの点を色で表現している。ディジタルカメラやカメラ付き携帯電話でよく話題になる「メガピクセル」という単位はこの**画素数**を指す。画素数が多い方が，より細密できれいな写真や画像を表現できるが，その分，ファイルサイズ（記録容量）が大きくなる。

画像の美しさを決めるもう1つの要素が**色数**である。色を表現するために，異なる色に異なるビット列を割り当てている。実際には画面にカラー画像を表示する場合，通常，**RGB** とよばれる，**光の3原色**である赤（Red），緑（Green），青（Blue）の3色を混色して表現する。R, G, Bにそれぞれ1ビットずつ，つまり1つの画素に3ビットを割り当てれば8色を表現することができる。同様に，プリントアウトする場合は，**色の3原色**である，シアン（Cyan），マゼンタ（Magenta），イエロー（Yellow）の3色を混色して表現する。色の3原色を用い1つの画素に8ビットずつ割り当てた表現は，**フルカラー**とよばれており，16,777,216色を表現できる。これ以上の色数は人間の目では認識できないとされている。画素数を増やし，色数も多くすれば，それだけ鮮明で緻密な画像になるが，ファイルサイズは大きくなる。

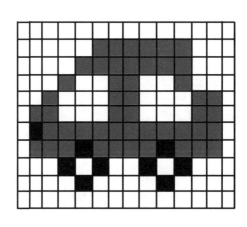

第4章｜コンピュータ基礎

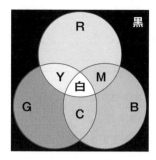

光の3原色

R（Red）：赤
G（Green）：緑
B（Blue）：青

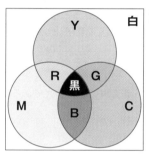

色の3原色

C（Cyan）：シアン（水色）
M（Magenta）：マゼンタ（赤紫）
Y（Yellow）：イエロー（黄）

　動画は，静止画を1秒間に何枚も連続して表示することで表現する。パラパラ漫画の要領である。テレビやビデオは普通，1秒間に30フレーム（画面）を表示する。データ量は膨大なものになるので，画像や動画のファイルには圧縮技術が必須となってくる。JPEG，GIF，PNGは静止画の，MPEG，AVIは動画の圧縮形式である。

【問題】（平成24年春期 問72改）

光の三原色とは，レッド（Red），グリーン（Green），イエロー（Yellow）の3色のことである。

....

　解答　✕　光の三原色はレッド（Red），グリーン（Green），ブルー（Blue）の3色。

076 | 音声のディジタル化

音声は一定の時間の間隔で，各時間の音の波形を読み取ることで，ディジタル化している

音声は，波として表現できるアナログ情報である。このアナログ情報をコンピュータで扱えるディジタル情報に変換するために PCM という方式を使う。

①標本化（サンプリング）：アナログ情報を一定の時間間隔で測定する。波の高さを測ると考えればよい。CDの場合は，1秒間に44,100回のサンプリングを行う。

②量子化：その測定値を数値化する。標本化で測ったデータ1個を何ビット分の数値にするかと考えればよい。CDの場合は，16ビット（65,536段階）で量子化している。

③符号化：その数値を2進数に変換する（→074）。

音声もやはり，そのままではデータ量が大きくなり過ぎるので，圧縮が必要となる。MP3，AAC，WAV などがインターネット等でよく使用される音声の圧縮形式である。

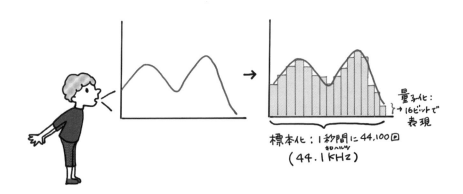

量子化：→16ビットで表現
標本化：1秒間に44,100回
（44.1KHz）

【問題】（平成24年春期 問64改）

MP3は，シンセサイザなどの電子楽器とPCを接続して演奏情報をやり取りするための規格である。

....

解答 ✕ MP3は音声の圧縮規格。問題は「MIDI」に関する説明。

077 | プロセッサとメモリ

プロセッサはコンピュータの制御と演算を担う頭脳部分。メモリはデータやプログラムを置いておく巨大倉庫

　プロセッサは実際にデータや命令を処理するハードウェアであり，コンピュータの心臓部，というよりは頭脳部と言っていい。

　現代のコンピュータの大半は「プログラム内蔵方式」といって，コンピュータに対する命令を全て**メモリ**（主記憶装置）に保存する。メモリは棚番号（アドレス）のついた巨大な倉庫だと考えよう。そこから1つ命令を読み出して，バスという通路を通ってプロセッサに運んでくる。プロセッサは処理工場である。この工場で命令を実行する。1つの命令の処理が終わったら，次の命令を読み出してくる。

　プロセッサ内部では時計（**クロック**）が動いていて，タイミングを合わせている。このクロックが動く速さを**クロック周波数**という。3GHzのクロック周波数ならば，1秒間に30億回動くクロックということになる。現在のパソコンのプロセッサが非常に高性能であることの1つの目安になっている。

第 4 章 コンピュータ基礎

【問題】（平成31年春期 問97改）

1GHzCPUの"1GHz"は，そのCPUが処理のタイミングを合わせるための信号を1秒間に10億回発生させて動作することを示す。

....

解答　○

078 | 5大装置

入力装置, 制御装置, 記憶装置, 演算装置, 出力装置のこと

　コンピュータを構成する上で欠かせない,「入力」,「出力」,「制御」,「演算」,「記憶」の機能を総称して, コンピュータの5大機能と呼んでいる。この5大機能を実行するのが5大装置である。ただし物理的には, **プロセッサ**（**中央処理装置**, CPU (Central Processing Unit) ともいう）が「制御」と「演算」を担うので, 入力装置, プロセッサ, 主記憶装置, 補助記憶装置, 出力装置を5大装置と呼ぶこともある（要するに, きちんと定義づけされているわけではない）。

種類	説明
入力装置	外からの情報を取り入れるもの。人間なら目や耳に当たる。キーボードやマウスのほかに, タッチパネル, スキャナ, バーコードリーダなど各種の装置がある。カメラやマイクも入力装置である
記憶装置	入力された情報を記憶するためのもの。人間なら脳に当たる主記憶装置と, 保存しておくためのノートに当たる補助記憶装置がある。主記憶装置はメモリとよばれることが多い。補助記憶装置はハードディスク, CD, DVD, USBメモリなど各種の装置がある
演算装置	主記憶装置におかれたデータの演算を行う
制御装置	ハードウェアの各装置を制御する。演算装置と制御装置はハードウェアとしてはCPUの内部に含まれている。このCPUも人間の脳に相当する
出力装置	処理結果を外部に出す。人間なら口に当たる。プリンタやディスプレイ（モニタともいう）, スピーカなどが出力装置である

レジスタ　CPU内部にある，演算や実行状態の保持に用いる記憶素子。最も高速な記憶装置だが，一般的なCPU製品で数個から数十個と数が限られる。命令そのものも，データもこのレジスタに置かれて，処理される。

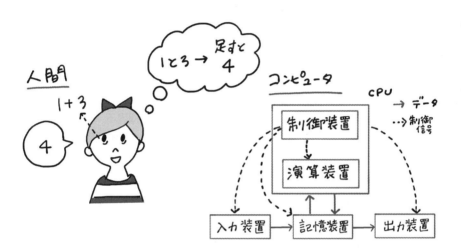

【問題】（平成21年秋期 問72改）

演算機能は制御機能，入力機能及び出力機能とデータの受渡しを行う。

解答　×　演算装置が入力機能および出力機能とのデータをやり取りする際は記憶機能を介して行う。

079 記憶装置いろいろ

主記憶装置は電力供給がないと内容が保持されないので，様々な補助記憶装置を使用している

　主記憶装置は電源をオフにすると内容が初期化される揮発性のメモリである。また，コンピュータ内部に置かれるため，容量は有限である。そこで，電源を切っても内容が消えない不揮発性のメモリや媒体（メディア）を入れ替えて利用できるメモリを補助記憶装置として利用する。

- ●ハードディスク：ハードディスク（HDD）は磁気の力でデータを記憶する。高速回転する円盤（ディスク）上にデータを記録し，読み書きする記憶装置である。保存できるデータの容量が大きいのが特徴で，パソコンの中に取り付けるものと，USBケーブルなどで外部に取り付けるものがある。
- ●SSD（Solid State Drive）：磁気ではなく，半導体記憶装置にデータを記録する。ハードディスクと同様の使い方をするが，ハードディスクと比べ，読み書きのスピードが速い。
- ●光学ドライブとメディア：CD・DVD・Blu-rayはデータの読み取りに光を使う。例えばCD-ROMはプラスチック表面にくぼみ（ピット）をあける。ピットのない部分がランドである。読み取る時はレーザー光を当てて，ランドとピットの反射率の違いで1と0を認識する。DVDも原理はCDとほぼ同じで，12cmの樹脂製円盤にレーザー光を照射し，その反射光を検出してデータを読み出す。CDよりも記憶容量が大きい。Blu-ray Discは，青紫色半導体レーザーを用いた光ディスク規格である。DVDよりもさらに多くのデータを記録することができる。

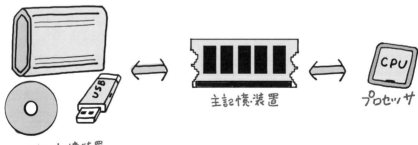

補助記憶装置　　主記憶装置　　プロセッサ

最近の読み書き装置（ドライブ）はマルチタイプのものが多くなり，各種タイプのメディアに対応しているのが普通である。

● USB メモリ：小さくて持ち運びやすいため，作ったデータの受け渡しなどに利用される。容量も最近は T B 単位のものも登場し，用途と予算に応じて使い分けられる点も魅力である。また携帯電話やディジタルカメラの保存媒体として SD カードも普及している。外形の大きさにより miniSD や microSD といった種類もある。

COLUMN　メモリといっても…

主記憶のメモリは RAM（Random Access Memory）で揮発性である。RAM を大きく分類すると次の種類がある。

・SRAM：読み書きのスピードが速いが，集積度（ある面積にどれだけの容量があるか）が低い。キャッシュメモリなどに使われる。

・DRAM：読み書きのスピードは遅いが，集積度が高い。主記憶に使われる。

不揮発性のメモリは ROM（Read Only Memory）といわれる。ここで，ややこしいのが日本のスマホにおいては ROM が「デバイスのデータ保存領域」を表す単位として多く用いられている点である。国内のキャリアがスマホのスペックを表現する際には，データ保存領域を「ROM ×× GB」と表すのが一般的となっている。

そこで「私の PC のメモリは 16GB だよ」「え？僕のスマホは 128GB だよ」といったおかしな会話になることがある。前者は主記憶の RAM，後者は書き換え可能な保存領域，つまり ROM を指している。

【問題】（平成 28 年春期 問 72 改）

補助記憶装置のうち，DVD ドライブは機械的な可動部分が無く，電力消費も少ないという特徴をもつ。

・・・

解答　×　DVD ドライブは，光学ディスクを回転させたり，レンズ位置を動かしたりという機械的な仕組みがある。問題文は「SSD」に関する説明。

080 | オペレーティングシステム とアプリケーション

オペレーティングシステムは，パソコンやスマートフォンの全てのハードとソフトを管理するソフト。アプリケーションは利用目的に応じたソフト

オペレーティングシステム（Operating System：OS）はアプリやデバイスを動作させるための基本となるソフトウェアを指す。キーボードやマウス・タッチパッドなどのデバイスから入力した情報を**アプリケーション**に伝え，またソフトウェアとハードウェアの連携を司る中枢的な役割を果たす。具体的には，Microsoft社の提供するWindowsやApple社の提供するMacOSなどがある。

OSにはアプリケーションの共通部分を提供する役割もある。Windowsで使うアプリケーションで「ファイルを開く」という操作を行うと，どのアプリケーションでも似たようなウィンドウが開く。多くのアプリケーションで「ファイルを開く」機能を独自で作るのではなく，Windowsで用意されている機能を利用しているためである。アプリケーションプログラムの開発者が，OSの機能を利用できるようにする手順やデータ形式などを定めた規約がAPI（Application Program Interface）である。

また，一度に複数の処理を行う場合（マルチタスク），CPUに割り当てる優先順位を決めて適切に配分するのもOSの役割である。

iOS
<ruby>アイオーエス</ruby>

Apple社が開発した携帯機器用のOS, iPhoneに搭載されている。

Android
<ruby>アンドロイド</ruby>

Google社が開発した携帯機器用のOS, 多数のスマートフォンに搭載されている。

関連用語

仮想記憶システム

OSが持つメモリ管理機能の1つ。磁気ディスク装置などの補助記憶装置を使用して, 主記憶の見掛け上の容量を増加させる方法である。メモリを**セグメント**や**ページ**と呼ばれる単位に小分けして, 現在実行中のプログラムで使う部分を主記憶に, 優先度の低い部分を補助記憶装置に退避させ, プログラムの実行に合わせて主記憶と補助記憶の間でデータの入れ替えを行う方式。これにより, メモリ不足でアプリケーションが起動できない, といったことが少なくなる。

第 4 章 —— コンピュータ基礎

【問題】（平成29年春期 問73改）

Webサイトからファイルをダウンロードしながら, その間に表計算ソフトでデータ処理を行うというように, 1台のPCで, 複数のアプリケーションプログラムを少しずつ互い違いに並行して実行するOSの機能をデュアルコアという。

....

解答 × 問題文の説明は「マルチタスク」のこと。デュアルコアは, 1つのプロセッサパッケージの中に2つのCPUコア（処理作業を行うCPUの中核となる部分）を搭載したプロセッサのことをいう。

081 | ファイルシステム

記憶装置に保存されたデータを管理し，操作するために必要な機能

　パソコンでデータはファイル単位で補助記憶装置に保存する。多くのファイルをきちんと整理し，自分が必要なファイルがどこにあるか見つけるための「入れ物」が**ディレクトリ（フォルダ）**である。ディレクトリは階層構造をもつ。ディレクトリ内に，さらに別のディレクトリを作り，入れ子の構造にできる。これを**サブディレクトリ**という。これに対し上位の（元の，大きい）ディレクトリを**親ディレクトリ**という。最上位のディレクトリを**ルートディレクトリ**といい，"/"または"¥"で表す。

　ディレクトリが違えば同じファイル名のファイルがあっても構わない。下図でいえば，ディレクトリAの下にも，ディレクトリCの下にも，ディレクトリDの下にもファイルXがある。このままでは区別がつかなくなってしまうので，ファイル名はそのファイルに至るまでの経路（**パス名**）をつけて表現する。パス名の付け方には次の2通りがある。

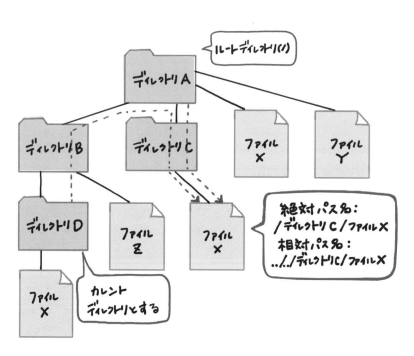

- **絶対パス名**：ルートディレクトリから目的のファイルまでの経路を指定する。

  例えばディレクトリ C の下のファイル X のパス名は次のようになる。

  / ディレクトリ C/ ファイル X

- **相対パス名**：カレントディレクトリから目的のファイルまでの経路を指定する。

  現在作業しているディレクトリを**カレントディレクトリ**という。そこから目的のファイルまでの経路を指定する。この時，親ディレクトリは "`..`" で表す。今，カレントディレクトリがディレクトリ D だとする。ディレクトリ C に行くためには，「親の親の下のディレクトリ C」という道をたどる。そこで次のようになる。

  ../../ ディレクトリ C/ ファイル X

【問題】（平成 31 年春期 問 96 改）

Web サーバ上において，図のようにディレクトリ d1 及び d2 が配置されているとき，ディレクトリ d1（カレントディレクトリ）にある Web ページファイル f1.html の中から，別のディレクトリ d2 にある Web ページファイル f2.html の参照を指定する記述は「d2/../f2.html」である。

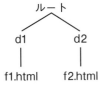

解答 ✕　カレントディレクトリが d1 なので，d1→ルート→d2 という経路でディレクトリをたどる必要がある。この順に沿ってパスを考えると，「自分の親の（..）下の d2 の（/d2）下の f2.html（/f2.html）」なので，パスは「../d2/f2.html」になる。

082 | データベース

ある特定の条件に当てはまる「データ」を複数集めて，後で使いやすい形に整理した情報の集まり

整理されたデータの集合が**データベース**だが，それを管理するシステム（DBMS：Database Management System）のことを指す場合もある。現在データベースモデルの主流を占めるのが，**関係（リレーショナル）型**のデータベースである。

関係型データベースは，**行**と**列**からなる「表」で表されたデータベースである。またデータを複数の表と，表と表の関係によって表現することで，簡潔に分かりやすく表現できるようになっている。

社員表

社員ID	氏名	性別	部門ID
0001	相川達子	F	01
0002	市村誠一	M	01
0006	上田仁美	F	02

部門表　　　　列

部門ID	部門名
01	人事部 |←── 行
02	営業部

表の行をただ1つに特定できる列または列の組み合わせのことを**主キー**という。「この列の値が決まれば，この行！」と決められる列という意味である。上記の例でいえば，社員表の主キーは「社員ID」であり，部門表の主キーは「部門ID」である。

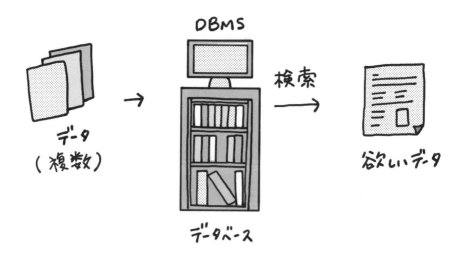

DBMS

データ
（複数）　→　データベース　検索→　欲しいデータ

主キーは行を特定できないといけないので，データ値の重複や未入力（NULL値という）があってはいけない。社員表の「氏名」は同姓同名の可能性があるので，主キーにはならないということになる。

　また別の表を参照する列を**外部キー**という。左の例でいえば，社員表の「部門ID」は，部門表を参照する外部キーである。この主キーと外部キーが表と表を結びつける「関係」となる。

関連用語

正規化　　　データの重複や矛盾を排除して，データの整合性や一貫性を保つために，表を分割する作業。

関連用語

SQL　　　Structured Query Language の略で，関係データベースの操作を行うための言語。

【問題】（平成30年秋期 問100改）
関係データベースの複数の表のレコードは，各表の先頭行から数えた同じ行位置で関連付けられる。

・・・

　解答　×　関係データベースの複数の表のレコード（行）は，対応するフィールド（列）の値を介して関連付けられる。

083 | オープンソース

ソースコードを公開しているソフトウェア

　有償で配布しているソフトウェアは，ソースコード（人間が分かる形で書かれたプログラム）の形では公開しないのが普通である。ソフトウェアは商品であり，改変や再販をされると利益が損なわれるからである。それに対し，**オープンソースソフトウェア（OSS）**は，ソフトウェア作者の著作権を守ったままソースコードを無償公開するライセンス形態である。**ライセンス**とは「使用許諾契約」のことで，私たちが「ソフトウェアを購入する」とは「ライセンスを購入」していることになる。

　オープンソースソフトウェアには主に，自由に再頒布ができる，ソースコードの入手が可能，それをもとに派生物を作成可能，再配布において追加ライセンスを必要としない，個人やグループ，利用する分野を差別しないなどの特徴がある。

　数々のオープンソースが普及しており，OSのLinux，スマートフォン向けOSのAndroid，HTTPサーバ用ソフトウェアのApache，ブラウザのFirefoxなどがある。

【問題】（令和元年秋期 問89改）

ワープロソフトや表計算ソフト，プレゼンテーションソフトなどを含むビジネス統合パッケージのOSS（Open Source Software）は開発されていない。

‥‥

解答　×　OpenOfficeやLibreOfficeなどのオープンソースソフトウェアがある。

084 | プログラム言語

コンピュータに解釈できるようにつくられた人工言語。コンピュータへの指令であるプログラムを書くのに使われる

プログラムとは「コンピュータにやらせたい命令を順番に書いたもの」である。ただし，そこはコンピュータであるので，厳密に文法を決め，それに従った書き方でなければ，解釈して実行してくれない。その決まり事が**プログラム言語**である。

プログラム言語にもたくさんの種類がある。C，Java，Pythonといったもので，数百種類はある。言語ごとに特色があり，大掛かりなシステムを作りたい時には大規模システムに向いた言語を，ちょっとした処理を書きたいだけなら小回りが利く軽量言語を，というように言語を使い分けることで，効率良くプログラムが書ける。

しかし，人間が理解できる「言語」をコンピュータは理解して実行できない。コンピュータが実行できるのは機械語だけである。そこで，人間が書いた命令を機械語に翻訳する必要がある。多くの言語はコンパイル方式といって，**コンパイラ**というソフトウェアで翻訳を行う。さらにそれに必要なものを付け加えるためにリンクという処理をして，ようやく実行できる形式になる。

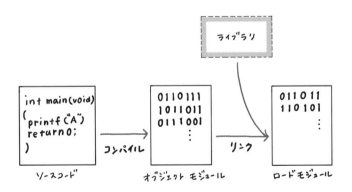

第4章 コンピュータ基礎

【問題】（平成29年秋期 問81改）

コンピュータに対する命令を，プログラム言語を用いて記述したものをソースコードという。

解答　○

143

085 | オブジェクト指向

データと操作（メソッド）を一体化させたオブジェクトを作成し，そのオブジェクトの連携によりシステム全体を構築していく手法

オブジェクト指向は，システムの構築や設計で，処理を行うものや処理の対象となるもの（**オブジェクト**）同士のやり取りの関係としてシステムを捉える考え方である。

オブジェクト指向にはいくつかの原則と呼ばれるものがある。

- **カプセル化**：できるだけ他のプログラムから干渉されないように，また他のプログラムに干渉しないようにする仕組み。
- **継承**：再利用性を高める考え方。
- **ポリモーフィズム（多態性）**：振る舞いを様々に変えられる仕組み。

オブジェクト指向の考え方を取り入れたプログラム言語（**オブジェクト指向言語**）には，C++，Java などがある。

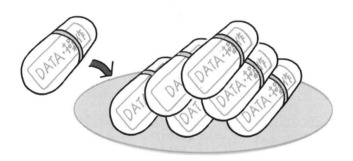

第
4
章

コンピュータ基礎

【問題】（平成21年秋期 問47改）

オブジェクト指向設計では，個々のオブジェクトは細分化して設計するので，大規模なソフトウェア開発には不向きである。

....

解答 ×　大規模ソフトウェア開発では開発部分が多岐にわたり，要員も多数になるので，要員が分担して開発を進められるオブジェクト指向設計が向いている。

086 | キューとスタック

キューは先に入ったデータが先に出ていく構造。スタックは後から入ったデータが先に出ていく構造

データ構造とは「大量のデータを効率良く管理する仕組み」である。プログラミング経験がある人ならおなじみの，変数（へんすう）や配列（はいれつ）もデータ構造の１つとなる。

キュー（Queue）は，先に入れたデータを先に取り出すFIFO（First In First Out）の仕組みを使うための構造である。「待ち行列」ともよばれ，スーパーやATMの行列のように並んだ順番で出ていく。例えば，LANに接続されたネットワークプリンタには「プリントキュー」があり，印刷要求は入ってきた順に処理される。

スタック（Stack）は，後に入れたデータを先に取り出すLIFO（Last In First Out）の仕組みを使うための構造である。雑誌を入れるストッカーをイメージして欲しい。上から雑誌を入れ，出す時も上からとなる。Webページでいくつかのページを見た後に「戻る」ボタンをクリックすると１つ前に戻る。後から保存したURLの順で戻ることになるので，スタックを使うわけである。

【問題】（平成30年秋期 問76改）

複数のデータが格納されているスタックからのデータの取出し方は，「最後に格納されたデータを最初に取り出す」である。

解答　○

087 | アルゴリズム

問題解決のための方法や手順

　アルゴリズムは，一言でいえば「やり方」である。カレーを作るアルゴリズム，因数分解のアルゴリズム，スマホでメールを送るアルゴリズム，といった具合である。コンピュータの世界ではプログラムを作るときに用いる，問題を解決するための手順や計算方法を指す。

　注意するのは，アルゴリズムは1通りではないことである。例えば，「1から99までの数のうち1つを紙に書きます。それを当てて下さい」と言われたとする。回答に対して，出題者は「それより小さいです」「正解です」「それより大きいです」のどれかを答える。その場合，「1ですか？」「2ですか？」「3ですか？」と順次聞いていくのも1つのアルゴリズムである。しかし，「50ですか？」と聞いて，「それより大きいです」と言われたら「75ですか？」と聞いていくのも1つのアルゴリズムといえる。どちらのアルゴリズムも最終的には正解にたどり着くだろう。しかし，どちらが効率がいいかは言うまでもない。より効率的なアルゴリズムを考えることが求められる。

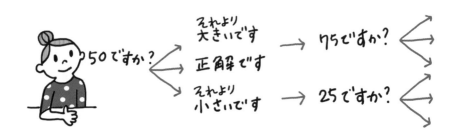

【問題】（平成25年春期 問53改）

アルゴリズムとは，コンピュータに対する一連の動作を指示するための人工言語の総称である。

....

　解答　×　アルゴリズムは，コンピュータに，ある特定の目的を達成させるための処理手順のこと。問題文は「プログラム言語」（→084）の説明。

088 | 稼働率
（かどう）

システムが，ある期間の中で正常に稼動している時間の割合

コンピュータやネットワークなどのシステムが動作している確率が稼働率である。

例えば，全体で100時間のうち90時間動作して10時間停止したシステムの稼働率は，以下の計算で求められ，0.9になる。

稼働率＝動作した時間/全体の時間＝90時間/100時間＝0.9

この計算式は次のようにも書き換えられる。

$$稼働率 = \frac{MTBF}{MTBF + MTTR}$$

MTBF（Mean Time Between Failures：平均故障間隔）：故障と故障の間の時間，つまり動作している時間の平均

MTTR（Mean Time To Repair：平均修理時間）：修理している時間，つまり動作していない時間の平均

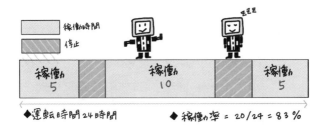

【問題】（平成26年春期 問69改）

あるコンピュータシステムの故障を修復してから60,000時間運用した。その間に100回故障し，最後の修復が完了した時点が60,000時間目であった。MTTRを60時間とすると，この期間でのシステムのMTBFは600時間である。

解答 × 運用中に100回の故障が発生し，MTTRが60時間なので，システムが正常に稼働していた時間は

60,000 － (60×100) ＝ 54,000（時間）

となる。MTBFは動作している時間の平均なので，

54,000 ÷ 100 ＝ 540（時間）

089 | クライアントサーバ

**サービスを要求するクライアントと，サービスを提供するサーバで役割分担する
システム**

クライアントサーバシステムとはシステムの構築方法の分類の1つであり，サービ
ス（実際の処理）を提供する**サーバ**と，サービスをリクエストする**クライアント**とで
役割を分担したシステムである。現代のシステム構成の主流となっている。

主なサーバ機能には次のようなものがある。

- **ファイルサーバ**：ファイルを集中管理し，ファイルの共有機能を提供する。
- **Webサーバ**（**WWWサーバ**，**HTTPサーバ**ともいう）：Webページを格納し，ク
  ライアントに提供する。
- **メールサーバ**：電子メールの送受信，転送を行う。
- **プリントサーバ**：印刷要求をプリントキューに格納し，プリンタの共有機能を提
  供する。

なお，サーバとは機能の名称であり機器の名称ではない。サーバが他サーバのクラ
イアントとして処理要求を出すこともあれば，1台のコンピュータが複数のサーバ機
能を持つこともある。

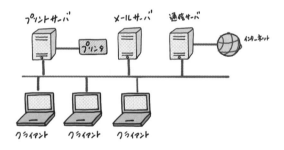

【問題】（平成25年春期 問59改）

シンクライアントシステムとは，クライアントサーバシステムにおいて，クラ
イアント側には必要最低限の機能しかもたせず，サーバ側で，アプリケーショ
ンソフトウェアやデータを集中管理するシステムである。

....

解答　○

090 | 仮想化

実在するIT資源を論理的に異なる資源であるかのように認識させる技術

　実際には１つしかないものを２つに見せかけたり，２つのものを1つに見せかけたりする技術。見せかけるのであって，物理的な資源は変わらない。

　具体的には，サーバの仮想化がある。1台のサーバを仮想化技術によって分割し，複数の論理的なサーバ環境を作ることができる。逆に，複数のサーバを論理的に統合して，高い処理能力をもつサーバとして機能させることも可能となる。他に，ストレージ（記憶装置）の仮想化，ネットワーク環境の仮想化などがある。

　仮想化によるメリットは次のようなものである。

- 資源を柔軟に利用することができる
- 資源の有効利用
- コストの削減
- 障害が発生してもサービスを維持できる

【問題】（平成30年春期 問62改）

1台のコンピュータを論理的に分割し，それぞれで独立したOSとアプリケーションソフトを実行させ，あたかも複数のコンピュータが同時に稼働しているかのように見せるのは，仮想化技術である。

....

解答　○

091 | クラウドコンピューティング

コンピュータの機能やソフトウェア，データなどをインターネット経由で遠隔から利用すること

クラウド（cloud）は元々「雲」という意味である。インターネット経由で各種の機能，データベース，データを置いておくストレージ（ハードディスクと考えてよい），アプリケーションといったITリソースをオンデマンドで利用することができるサービスの総称である。

クラウドサービスを利用するメリットとして，次の事項がある。

- 最新のサービスを利用でき，法改正などにも対応している。
- デバイスを問わず利用できる。例えばPCはもちろん，スマホやタブレットでも利用でき，データの共有も簡単である。
- 多くは従量制の料金であり，利用量に応じたコストを支払うことができる。

一方でカスタマイズの自由度が低い，通信回線にトラブルがあると利用ができなくなるといったデメリットやリスクも存在する。

【問題】（平成30年秋期 問9改）

"クラウドコンピューティング"とは，仕様変更に柔軟に対応できるソフトウェア開発の手法である。

··

解答 ×　クラウドコンピューティングは，コンピュータ資源の提供に関するサービスモデル。問題文は「アジャイル開発」（→148）に関する説明。

問1（令和2年10月 問57）

次に示す項目を使って関係データベースで管理する"社員"表を設計する。他の項目から導出できる，冗長な項目はどれか。

社員

社員番号	社員名	生年月日	現在の満年齢	住所	趣味

ア　生年月日　　イ　現在の満年齢　　ウ　住所　　エ　趣味

問2（令和2年10月 問62）

10進数155を2進数で表したものはどれか。

ア　10011011　イ　10110011　　ウ　11001101　　エ　11011001

問3（令和2年10月 問63）

記述a～dのうち，クライアントサーバシステムの応答時間を短縮するための施策として，適切なものだけを全て挙げたものはどれか。

a　クライアントとサーバ間の回線を高速化し，データの送受信時間を短くする。
b　クライアントの台数を増やして，クライアントの利用待ち時間を短くする。
c　クライアントの入力画面で，利用者がデータを入力する時間を短くする。
d　サーバを高性能化して，サーバの処理時間を短くする。

ア　a, b, c　　イ　a, d　　ウ　b, c　　エ　c, d

問4（令和2年10月 問64）

データ処理に関する記述a～cのうち，DBMSを導入することによって得られる効果だけを全て挙げたものはどれか。

- a　同じデータに対して複数のプログラムから同時にアクセスしても，一貫性が保たれる。
- b　各トランザクションの優先度に応じて，処理する順番をDBMSが決めるので，リアルタイム処理の応答時間が短くなる。
- c　仮想記憶のページ管理の効率が良くなるので，データ量にかかわらずデータへのアクセス時間が一定になる。

　ア　a　　イ　a, c　　ウ　b　　エ　b, c

問5（令和元年10月 問76）

ある商品の月別の販売数を基に売上に関する計算を行う。セルB1に商品の単価が，セルB3～B7に各月の商品の販売数が入力されている。
セルC3に計算式 "B$1＊合計(B$3:B3)／個数(B$3:B3)" を入力して，セルC4～C7に複写したとき，セルC5に表示される値は幾らか。

	A	B	C
1	単価	1,000	
2	月	販売数	計算結果
3	4月	10	
4	5月	8	
5	6月	0	
6	7月	4	
7	8月	5	

　ア　6　　イ　6,000　　ウ　9,000　　エ　18,000

問6（令和2年10月 問79）

次の①〜④のうち，電源供給が途絶えると記憶内容が消える揮発性のメモリだけを全て挙げたものはどれか。

① DRAM
② ROM
③ SRAM
④ SSD

ア ①，②　　イ ①，③　　ウ ②，④　　エ ③，④

問7（令和2年10月 問96）

OSS（Open Source Software）に関する記述として，適切なものはどれか。

ア 製品によっては，企業の社員が業務として開発に参加している。
イ ソースコードだけが公開されており，実行形式での配布は禁じられている。
ウ どの製品も，ISOで定められたオープンソースライセンスによって同じ条件で提供されている。
エ ビジネス用途での利用は禁じられている。

問8（平成25年秋期 問52）

図1のように稼働率0.9の装置Aを2台並列に接続し，稼働率0.8の装置Bをその後に直列に接続したシステムがある。このシステムを図2のように装置Aを1台にした場合，システムの稼働率は図1に比べて幾ら低下するか。ここで，図1の装置Aはどちらか一方が稼働していれば正常稼働とみなす。

なお，稼働率は小数第3位を四捨五入した値とする。

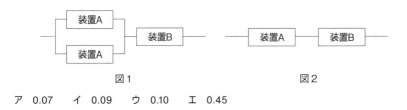

図1　　　　　　　　　　　　　　図2

ア 0.07　　イ 0.09　　ウ 0.10　　エ 0.45

問1

「現在の満年齢」は生年月日と現在の年月日が分かれば，計算により求めることが可能である。こういった項目は**導出属性**といい，冗長（無駄，余分）な項目として，データベース設計の過程で削除される。

解答：イ

問2

10進数から2進数への変換のためには，位取りを考えよう。2進数は一番右（最下位桁）が1の位，その左が2の位，その左が4の位と，2倍2倍になる。まず，それを8桁分，128まで書いておく。

位取り	128	64	32	16	8	4	2	1

本問の10進数155は128より大きいので，128の位は1である。これで128を使ったことになるので，残りは155-128＝27。それも書いておこう。

位取り	128	64	32	16	8	4	2	1
2進数	1							
残り	27							

27は64より小さいので，64の位は0。残り27はそのまま。
27は32より小さいので，32の位も0。残り27はそのまま。
27は16より大きいので，16の位は1。残りは27-16＝11。

位取り	128	64	32	16	8	4	2	1
2進数	1	0	0	1				
残り	27			11				

この調子で残りが最下位桁まで進めていく。

位取り	128	64	32	16	8	4	2	1
2進数	1	0	0	1	1	0	1	1
残り	27			11	3		1	0

10進数の155は，2進数では10011011となる。

解答：ア

問3

応答時間とはクライアントが要求を送信してから，サーバからの応答が返ってくるまでの時間である。

a. 回線が高速になれば，データの送受信の時間が短くなり，応答時間は短縮される。

b. 誤り。クライアントの台数が増えると，サーバの処理を待つ時間が長くなる。

c. 誤り。データを入力する時間は，応答時間に含まれない。

d. サーバを高速化すれば，サーバの処理時間が短くなり，応答時間は短縮される。

解答：イ

問4

DBMS（DataBase Management System）はデータベースを管理し，外部のソフトウェアからの要求に応えてデータベースの操作を行う専門のソフトウェアである。

a. トランザクション管理機能により一貫性が保たれる。

b. 誤り。優先度に応じた順位付けはOSが行う。

c. 誤り。仮想記憶の管理はOSが行う。

解答：ア

問5

表計算ソフトの問題のポイントは2点。

● 関数の使い方

● 相対参照と絶対参照（$を使った式や関数）

Microsoft Excelを使ったことのある方ならSUMという関数はおなじみだろう。

ITパスポート試験では「合計」という関数名になる。ただExcelでは500近い関数があるが，ITパスポート試験で出題されるのは27種類の関数のみである。試験センターのホームページに掲載されているので，使い方を学習しておこう。

表計算ソフトでは式や関数を複写すると，複写先に対応してセル名が変わる。1月の合計を複写すると，2月の合計，3月の合計になってくれるわけである。これが相対参照である。それに対し，複写してもセル名が動いてほしくないときは列番号や行番号に$をつけると，固定される。これが絶対参照である。

本問で見てみよう。セルC3に計算式 "B$1＊合計(B$3:B3)／個数(B$3:B3)" を入力して，セルC4〜C7に複写したとき，$のついた部分は動かず，ついていない部分は動く。結果としてC5の

セルに複写される計算式は

　B$1＊合計(B$3:B5)／個数(B$3:B5)

となる。個数関数は，範囲のうち空白でないセルの数を返す。それぞれ値にすると

　1000＊18／3

となるので，6000が表示される値である。

解答：イ

問6

RAM（Random Access Memory）は基本的に揮発性メモリである。電源供給が途絶えると記憶内容が失われる。DRAM（Dynamic Random Access Memory）はコンデンサを利用してデータを記録する。SRAM（Static Random Access Memory）はフリップフロップという回路を利用してデータを記録する。DRAMに比べて，読み書きの速度が速く消費電力が少ないというメリットがあるが，集積度が低く高価であるというデメリットもある。

一方の不揮発性メモリはROM（Read Only Memory）やフラッシュメモリのように，電源を切った状態でもデータを保持できるメモリを指している。SSDやUSBメモリなどといった，データを保存・記録するためのストレージ（記憶媒体）として使用されるメモリにあたる。

解答：イ

問7

ア　適切な記述。企業が業務の一環としてOSSの開発に取り組んでいる例は多数ある。例えば，Linuxの開発には，富士通，日立製作所，NEC，IBM，HPなど多くの企業が参加している。

イ　実行形式による配布も許可されている。ただし，ソースコードを添付するか，ソースコードを提供する旨の書面を添付することが義務付けられている。

ウ　ライセンス形態は多数ある。例えば改変部分のソース公開が必要かどうかなど，細かい違いがある。

エ　利用する分野を制限してはいけない。

解答：ア

問8

機器2台が直列または並列に接続されているときに，そのシステム全体の稼働率は次の公式で求める。

直列

   a×b

並列

   1−(1−a)×(1−b)

これをベースに［図1］［図2］の稼働率を計算する。

［図1］

　まず左側の並列部分の稼働率を計算する。

　　$1-(1-0.9)^2 = 1-0.1×0.1 = 1-0.01 = 0.99$

　並列部分が装置Bと直列に接続されているので，次のようになる。

　　$0.99×0.8$

　ここは計算せずに，このままにしておく。

［図2］

　装置Aと装置Bが直列で接続されているので，次のようになる。

　　$0.9×0.8$

したがって2つのシステムの稼働率の差は，

　［図1］−［図2］$= 0.99×0.8-0.9×0.8 = (0.99-0.9)×0.8 = 0.09×0.8 = 0.072$

指示通り小数第3位を四捨五入すると0.07。計算問題は，途中で計算しないで最後に計算すると，効率がいいことがある。

解答：ア

第 5 章
新しいビジネス

092 | オープン
イノベーション

異業種や異分野が持つ技術，アイディアなどを取り入れた革新的な製品やビジネスモデル

　イノベーション（innovation）とは，社会に大きな衝撃や変化をもたらす「革新」や「新機軸」を指す。技術革新が進み，ビジネス課題や顧客ニーズが多様化する中で，企業にとって，イノベーションを起こせるか否かは企業の生き残りをかけた重要な経営課題となる。

　一方，自社の研究・技術のみで画期的な新製品（商品）・サービスを提供するためには，研究開発から商品提供までに莫大な時間的・人的コストがかかる。そこで，企業や大学・研究機関，起業家など，外部から新たな技術やアイディアを募集し，革新的な新製品（商品）・サービス，またはビジネスモデルを開発することが**オープンイノベーション**である。

　異業種間の交流や大企業とベンチャー企業との共同研究開発などが事例となる。

新商品
作るぞー！

関連用語

**イノベーションの
ジレンマ**

優良な大企業が，革新的な技術の追求よりも，既存技術の向上でシェアを確保することに注力してしまい，結果的に市場でのシェアの確保に失敗する現象。

関連用語

MOT （エムオーティー）

Management of Technologyの略で，技術を事業に結び付けて経済的価値を創出する経営方針のこと。自社が持つ独自の技術（テクノロジー）を経営資源と捉え，製品化（商品化）・事業化していく能力を指すこともある。

関連用語

ハッカソン

ハック（Hack）とマラソン（Marathon）からなる造語。エンジニア，デザイナー，プランナー，マーケターなどがチームを作り，それぞれの技術やアイディアを持ち寄り，短期間（1日〜1週間程度）に集中してサービスやシステム，アプリケーションなどを開発し，成果を競う開発イベントの一種。

【問題1】（オリジナル）

オープンイノベーションとは，異企業間の共同研究，産学連携などのように，組織内の知識・技術と組織外のアイディアを結合し新たな価値を創造しようとすることである。

解答 〇

【問題2】（平成27年秋期 問12改）

MOTの目的は，従業員が製品の質の向上について組織的に努力することで，企業としての品質向上を図ることである。

解答 × MOTの目的は，技術革新を効果的に自社のビジネスに結び付けて企業の成長を図ること。問題は「TQC（Total Quality Control）」の目的。

デザイン思考

デザインに必要な思考方法と手法を利用して，ビジネス上の問題を解決するための考え方

　発生した問題や課題に対し，デザイン的な考え方と手法で解決策を見出す考え方である。では，デザイン的な考え方とは何か。ユーザやクライアントのニーズをベースにして，アイディアを作り出していくことである。次の5つのステップを踏んで実行していく。

1. ユーザへの共感　　　誰，つまりどんな人に向けてのデザインかをイメージする
2. 問題定義　　　　　　ユーザが何に困っているかを明確にする
3. アイディア創出　　　どんなものが受け入れられるかアイディアを出す
4. プロトタイピング　　実際に試作品を作ってみる
5. テスト（検証）　　　試行錯誤を繰り返し，クォリティを上げる

　しかし，これらが1から順番に連続的になされるのではなく，5つの段階は同時に行われたり，互いに影響したり，行ったり来たり，繰り返されたりする。

【問題】（令和元年秋期 問30改）

デザイン思考の例として，業務の迅速化や効率化を図ることを目的に，業務プロセスを抜本的に再デザインすることが挙げられる。

解答　×　デザイン思考は，アプローチの中心は常に製品やサービスの利用者であり，利用者の本質的なニーズに基づき，製品やサービスをデザインすること。問題文は「BPR（Business Process Re-engineering）」の例。

シェアリング
エコノミー

個人が保有している遊休資産の貸出を仲介するサービス

インターネットを通じて，モノや場所，スキルや時間などを共有する経済の形である。シェアする対象によって，様々なサービスが存在する。

- モノをシェアする：駐車場に配置されたクルマを好きなタイミングで利用できるカーシェアリングや，ブランド物の服やバッグのレンタルなど
- 場所をシェアする：民泊やレンタル菜園・シェアオフィスなど
- 移動をシェアする：Uberのようなライドシェアや相乗りマッチングサービスなど
- スキルをシェアする：家事代行や，専門スキル（デザイナー・弁護士といった専門性の高いものから，話し相手まで様々）のシェアなど

第5章 新しいビジネス

【問題】（令和元年秋期 問18改）

シェアリングエコノミーは，銀行などの預金者の資産を，AIが自動的に運用するサービスを提供するなど，金融業においてIT技術を活用して，これまでにない革新的なサービスを開拓する取組である。

解答　×　シェアリングエコノミーは個人間で使っていないモノ・場所・技能などを貸し借り・売買することによって，共有していく経済活動のこと。問題文は「フィンテック」（→021）に関する記述。

095 | PoC
ピーオーシー

(Proof of Concept)

新しい概念や理論，原理，アイディアの実証を目的とした，試作開発の前段階における検証やデモンストレーション

PoCを直訳すると「概念実証」となるが，最近では「実証実験」という言葉とほぼ同義で使われている。IoTやAIなど新しい概念に基づいたサービス提供においては，付加価値やサービス，ソリューションの仕様を検証・実証する際に，重要なプロセスとなる。

例えば，IoTセンサが実際の環境で想定通りデータを拾えるか，実際の環境で電波が正常に届くかなどといった内容は，やってみないと分からない部分が多い。新しいシステムが技術的に実現可能かどうか，費用対効果が想定通りか，実際の使い勝手はどうか，などを検証するプロセスといえる。

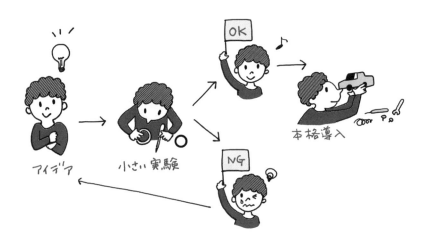

【問題】（平成31年春期 問83改）

PoCは，LANケーブルを使って電力供給する技術であり，電源コンセントがない場所に無線LANのアクセスポイントを設置する場合などで利用される。

....

解答　✕　PoCは，新しいシステムが技術的に実現可能かどうか検証するプロセス。問題文は「PoE（Power over Ethernet）」に関する記述。
ピーオーイー

096 | リーン生産とリーンスタートアップ

リーン生産は徹底した効率化生産方式。リーンスタートアップは小さな規模から始めるプロジェクト

　リーン（lean）は元々「痩せた」「贅肉の取れた」という意味である。ここでは「無駄をはぶいた」という意味で使われている。

　リーン生産方式は，プロセス管理を徹底して効率化することで，従来の大量生産方式と同等以上の品質を実現しながらも作業時間や在庫量が大幅に削減できる生産方式のこと。トヨタ自動車の「かんばん生産方式」「JIT（ジャストインタイム）方式（必要なものを，必要な時に，必要なだけ作る方式）」を整理・体系化の後，一般化したといわれる。

　リーンスタートアップは，仮説を立てた上でまずは小さな規模でプロジェクトを実行し，効果検証を行いながら改善していく手法である。コストをかけずに最低限の製品・サービス・機能を持った試作品を短期間でつくり，顧客の反応を的確に反映して，顧客がより満足できる製品・サービスを開発していく。**スタートアップ**は起業という意味だが，既存企業が新規製品やサービスを開発する際にも使われる。

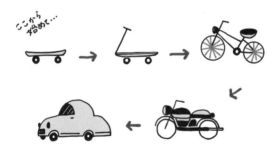

【問題】（平成31年春期 問15改）

ジャストインタイムやカンバンなどの生産活動を取り込んだ，多品種大量生産を効率的に行うリーン生産方式では，納品先が必要とする部品の需要を予測して多めに生産し，納品までの待ち時間の無駄をなくす。

　解答　✕　リーン生産方式では，生産ラインが必要とする部品を必要となる際に入手できるように発注し，仕掛品の量を適正に保つ。多めに生産することは「ムダ」につながる。

ビジネスモデル キャンバス

ビジネスモデルを可視化するためのフレームワーク

ビジネスモデルキャンバスとは，ビジネスモデルを9つの要素に分類し，それぞれが相互にどのように関わっているのかを図示したものである。通常A4用紙1枚に書く。

ビジネスモデルキャンバスの要素は，次の9つである。

- **顧客セグメント**（CS）：最も重要な顧客は誰なのか。
- **顧客との関係**（CR）：どのような関係を構築するか。
- **チャネル**（CH）：どのように価値を提供するか。
- **価値提案**（VP）：どんな価値を提供するのか。
- **主要活動**（KA）：価値を提供するのに必要な主要活動は何か。
- **キーリソース**（KR）：価値を提供するのに必要なリソースは何か。
- **キーパートナー**（KP）：誰と組むのか。
- **コスト標準**（CS）：運営するにあたり発生するコスト。
- **収益の流れ**（RS）：どのような価値にお金を払うのか。

関連用語

フレームワーク	ビジネスにおけるフレームワークは，共通して用いることが出来る考え方，意思決定，分析，問題解決，戦略立案などの枠組み。フレームワークを使うことで，決められた枠組みの中で，迅速に，効率よくアイディアを出したり整理したりすることが可能になる。また，共通認識を得られやすいので，プレゼンテーションもやりやすくなる。

COLUMN　ビジネスモデルって？

最近よく耳にするビジネスモデルとは，どういう意味だろうか。一言でいえば「儲ける仕組み」，少し難しい言葉だと「収益構造」という意味になる。

企業の目指すところは収益を上げることである。もちろん，社会に貢献したいとか，従業員が活き活きと働く場を提供したいといった理念もあるし，それは重要なことである。しかし，その理想や理念を実現するためには持続することが必要で，持続するためには資金と利益が必須である。しかし，市場の成熟化やグローバル化，技術革新などによって，品質の良さや低価格だけで事業を継続的に成長させることは難しくなっている。

そうした状況において，注目されているのが**ビジネスモデル**といえる。どうやって，あるいはどんなものやサービスで儲けるかのアイディアや企画のことで，このビジネスモデルを考えたり，分析したりするときに使われているツールが**ビジネスモデルキャンバス**である。

特徴は，ビジネスモデルの重要な要素が一枚の紙にまとめられている点。初めからまとまったものを書くのではなく，付箋紙などを使って組み替えたり，修正したりしながら仕上げていくイメージである。

【問題】（オリジナル）

ビジネスモデルキャンバスとは，仕事の仕組に採り入れられるIT技術などに与えられる特許である。

解答　×　ビジネスモデルキャンバスとは，ビジネスモデルの確立に必要な要素を9つに分類し，それを1枚の紙に視覚化するフレームワーク。問題文は「ビジネスモデル特許」に関する記述。

098 | テレワーク

情報通信技術を活用し時間や場所の制約を受けずに，柔軟に働く形態

　新型コロナウイルスの影響で，もはや解説不要になった感のある用語である。

　在宅勤務，**リモートワーク**といった類似用語もよく使われている。日本テレワーク協会によると，テレワークは働く場所によって，自宅利用型テレワーク（在宅勤務），モバイルワーク，施設利用型テレワーク（サテライトオフィス勤務など）の3つのタイプがある。

　労働者側には**ワーク・ライフ・バランス**の実現や，通勤ストレスの軽減といったメリットがある。企業側にも事業継続性の確保，オフィススペースの軽減，人材確保といったメリットがある。一方で労務管理の難しさや，コミュニケーション不足といったデメリットにも目を向ける必要がある。

【問題】（平成27年秋期 問32改）

テレワークのメリットの1つに，要員が育児中，海外駐在中などのメンバであっても参画させやすいことがある。

　　解答　○

第5章　新しいビジネス

099 | MDM (Mobile Device Management)

スマートフォンやタブレットなどの携帯端末を業務で利用する際に一元的に管理するための仕組み

MDM（モバイル端末管理）ツールが提供する管理機能は，以下のようなものがある。

● 端末紛失時のリモート制御（ロック，データ削除など）

● セキュリティポリシやアプリケーションの配布，管理

● アプリケーションや機能の利用制限と監視

BYOD（→049）環境の場合，個人使用の端末を電車の網棚に置き忘れたら，情報漏洩のリスクに繋がる。その場合に連絡を受けたら，即座にその端末をロックする仕組みがあれば安心である。また，個人データと業務データを分離したり，使用可能なアプリケーションを個人用と業務用で切り替えたりする機能などが提供される場合もある。

【問題】（平成30年秋期 問72改）

MDM（Mobile Device Management）は，業務に使用するモバイル端末で扱う業務上のデータや文書ファイルなどを統合的に管理する仕組みである。

....

解答 × MDMが管理するのは，データや文書ファイルではなくモバイル端末そのもの。

100 | サブスクリプション (subscription)

料金を支払うことで，製品やサービスを一定期間利用することができる形式のビジネスモデル

　サブスクリプションは，英語で「予約購読」「定期購読」「会費」などの意味である。IT業界では，主にソフトウェアやサービスの販売方式を指す。利用料金を支払うと，「月ごと」や「年単位」など指定された期間内であれば最新のソフトウェアやサービスを使用できる。

　従来型の買い切り方式は，購入すれば永続的に利用することができる代わりに，アップグレードのたびに買い直す必要があった。その点サブスクリプションなら，利用料金を支払っていれば常に最新バージョンのソフトウェアやサービスを使用できる。また，サブスクリプションは「月ごと」や「年単位」など一定期間ごとに利用料金がかかるが，使いたい機能や予算に合わせて使用したい期間だけ契約できる。

　最近ではサブスクリプションを，月額・定額課金という意味で使うことも多い。いわゆる〇〇放題のイメージである。

買い切り方式　商品・サービス　購入の都度料金支払い

サブスクリプション方式　利用権　継続的に利用料金支払い

【問題】(オリジナル)

サブスクリプションとは，定められた無料の試用期間の後，継続して利用する場合は，所定の金額（ライセンス料）を開発者に支払う方式である。

··

解答　×　サブスクリプションは，ソフトウェアの使用権を借り，その利用期間に応じて使用料が発生する方式。問題文は「シェアウェア」に関する記述。

101 | キャズム

乗り越えるのが難しい深い溝。市場に製品・サービスを普及させる際に発生する，越えるべき障害

キャズムは，技術を基にした**イノベーション**（→092）を実現するために，研究開発から事業化までのプロセスにおいて乗り越えなければならない障壁を指す。次の3つのキャズムがあると言われている。

- **魔の川**：研究段階から開発段階に進む段階の壁。技術を市場に結び付け，具体的なターゲット製品を構想する必要がある。
- **死の谷**：開発段階から事業化段階に進む段階の壁。商品を製造・販売して売上にまで繋げていくためには，資金や人材などの経営資源が必要になる。
- **ダーウィンの海**：事業化段階と産業化段階の間に存在する壁。事業を成功させるためには，多くのライバル企業との生き残り競争に勝つことが必要。

【問題】（令和元年秋期 問17改）

キャズムとは，優良な大企業が，革新的な技術の追求よりも，既存技術の向上でシェアを確保することに注力してしまい，結果的に市場でのシェアの確保に失敗する現象を指す。

....

解答　×　キャズムは新しい製品が世の中に出ようとするとき，最初の市場とそのあとに続く大きな市場との間にある障害のこと。問題文は，「イノベーションのジレンマ」（→092）に関する記述。

102 | RPA (Robotic Process Automation)

アールピーエー

ホワイトカラー業務をソフトウェアに組み込まれたロボットが代行する取り組み

RPAとは，事務系職員のデスクワーク（主に定型作業）を，パソコンの中にあるソフトウェア型のロボットが代行・自動化する概念である。

多くのオフィスでは日々さまざまな事務作業が行われている。たとえば，メールに添付されてきた商品情報をまとめたExcelファイルの内容を，基幹システムの商品登録マスタに「コピー＆ペースト」して転記する作業や，FAXで届いた発注書の内容を手入力でシステムに入力する作業などである。これらの定型的で反復性の高い業務ではRPAを活用すると，大きな効果を発揮できる。

ロボットとはいっても，AIとは異なり，あらかじめ命令されたことしかできないが，正確であり24時間365日稼働できる点で，省力化やコスト削減効果が大きい。

第5章 — 新しいビジネス

【問題】（令和元年秋期 問33改）

人間の形をしたロボットが，銀行の窓口での接客など非定型な業務を自動で行うことは，RPAの事例に該当する。

....

解答 × RPAは定型業務の自動化を行う。問題の例は非定型業務なので，RPAには該当しない。

103 | アダプティブ ラーニング

コンピュータを利用して，学習者1人ひとりの学習進行度や理解度に応じて学習内容や学習レベルを調整して提供する仕組み

これまで学校教育や社会人の研修は，1人の先生が前に立ち，大勢の受講者に教えるという形式をとることが多かった。**アダプティブラーニング**では，IT機器を利用して，1人ひとりに合わせた学習方法を提供する。学習者は，自分の習熟度に合わせて学習でき，学習効率を向上することができる。得意科目ではテンポよく先の課題を解き進めることができ，苦手科目では記憶の定着のための課題に取り組むため，自分の得意不得意に合わせた効果的・効率的な学習が可能となる。指導者側にとっても，データに基づいた課題提供が可能となり指導者による差が生まれなくなる。

体育やディスカッションなど，実践スキルを身につける教育法としては向いていないとされている。

【問題】（オリジナル）

アダプティブラーニングとは，生徒ごとの能力や進捗度・習熟度に合わせて，1人ひとりに最適化された学習内容を提供する教育方法である。

....

解答　○

104 | ○○ペイ

スマートフォンを利用した新しい電子決済サービスの俗称

　PayPay や LINE Pay などに代表される○○Payとは，新しい電子決済サービスのことである。

　一般に，QR コードやバーコードを使用したキャッシュレス決済は，一括りに**コード決済**と呼ばれている。そこで使用されるコードは，サービスを提供する店舗側の情報や利用者側の支払い情報などに紐付けられていて，コードを通して利用金額とともに読み込むことで，決済アプリやクレジットカードから利用額が引き落とされる仕組みになっている。個人間送金機能や割り勘機能を持つものもあり，普及が進みつつある。

　ユーザの決済方式には次の3種類がある。

- プリペイド方式：あらかじめ銀行口座やクレジットカード，ATMなどから決済アプリの自分の口座にお金をチャージしておき，そこから決済の度に支払う方式。
- 即時払い方式：決済手続きと同時に，事前に設定したクレジットカードや銀行口座からの引き落としを行う方式。
- 後払い方式：決済アプリにクレジットカードやデビットカードの情報を入力しておき，これらのカードを経由して銀行口座から引き落として支払いを行う方式。QRコードやバーコードを使ってはいるものの，本質的にはカード決済と同じと考えてよい。

関連用語

キャッシュレス決済　クレジットカードや電子マネー，口座振替を利用して，紙幣・硬貨といった現金を使わずに支払い・受け取りを行う決済方法。

関連用語

EFT　Electronic Fund Transferの略で，電子資金振替のこと。銀行券・小切手などを用いずに，コンピュータネットワークを利用して送金・決済などを行うことをいう。

【問題】（オリジナル）

○○ペイとよばれるコード決済方式を利用するためには，店舗側に専用の端末を用意する必要がある。

解答 × 店舗側が提示するQRコードを客が読み取り，会計金額を入力後，店員の確認を経て確認ボタン等を押すと決済が完了するユーザスキャン方式であれば，専用端末は必要ない。

問1 （令和2年10月 問3）

技術経営における新事業創出のプロセスを，研究，開発，事業化，産業化の四つに分類したとき，事業化から産業化を達成し，企業の業績に貢献するためには，新市場の立上げや競合製品の登場などの障壁がある。この障壁を意味する用語として，最も適切なものはどれか。

    ア　囚人のジレンマ　　　イ　ダーウィンの海
    ウ　ファイアウォール　　エ　ファイブフォース

問2 （令和2年10月 問28）

新しい概念やアイディアの実証を目的とした，開発の前段階における検証を表す用語はどれか。

    ア　CRM　　イ　KPI　　ウ　PoC　　エ　SLA

問3 （令和2年10月 問29）

人間が行っていた定型的な事務作業を，ソフトウェアのロボットに代替させることによって，自動化や効率化を図る手段を表す用語として，最も適切なものはどれか。

    ア　ROA　　イ　RPA　　ウ　SFA　　エ　SOA

問4 （令和2年10月 問31）

利用者と提供者をマッチングさせることによって，個人や企業が所有する自動車，住居，衣服などの使われていない資産を他者に貸与したり，提供者の空き時間に買い物代行，語学レッスンなどの役務を提供したりするサービスや仕組みはどれか。

    ア　クラウドコンピューティング　　イ　シェアリングエコノミー
    ウ　テレワーク　　　　　　　　　　エ　ワークシェアリング

解　説

問1

ア　**囚人のジレンマ**は，ゲーム理論に関するモデルの1つ。各人が自分にとって一番魅力的な選択肢を選んだ結果，協力した時よりも悪い結果を招いてしまうことである。

イ　適切な選択肢。**ダーウィンの海**は，技術経営の成功を阻む障壁（**キャズム**）を表す言葉の1つ。事業化ステージと産業化ステージの間に存在する障壁のことである。事業を成功させるためには，競争優位性を構築し，多くのライバル企業との生き残り競争に勝つことが必要とされる。同じく技術経営の壁を意味する「魔の川」「死の谷」と一緒に覚えよう。

ウ　**ファイアウォール**は，企業などの内部ネットワークにインターネットを通して侵入してくる不正なアクセスから守るためのソフトウェア・ハードウェアのこと。

エ　**ファイブフォース**は，競争戦略論のマイケル・ポーターが提唱した業界分析手法。「売り手の交渉力」「買い手の交渉力」「競争企業間の敵対関係」「新規参入業者の脅威」「代替品の脅威」の5つの要因から業界全体の魅力度を測る手法である。

解答：イ

問2

ア　CRM（Customer Relationship Management：顧客関係管理）は，顧客の情報を収集・分析して，最適で効率的なアプローチを行い，自社の商品やサービスの競争力を高める経営手法のこと。

イ　KPI（Key Performance Indicator：重要業績評価指標）は，組織の達成目標（売上高など）に対して，目標達成度合いを評価する指標である。

ウ　適切な選択肢。PoC（Proof of Concept：概念実証）は，新しい概念や理論，原理を実証するために行われる小規模な実現や研究的な実験を指す言葉である。本番導入に先んじてモデルシステムを試験的に構築し，その概念・仮説の有効性や実現可能性を調査・検証するために行われる。

エ　SLA（Service Level Agreement：サービスレベル合意書）は，ITサービスの利用者と提供者の間で結ばれるサービス品質に関する合意である。

解答：ウ

問3

ア ROA（Return On Assets：総資産利益率）は総資産に対する当期純利益の割合を示す財務指標のこと。

イ 適切な選択肢。RPA（Robotic Process Automation）は，事務作業を担うホワイトワーカーがPCなどを用いて行っている一連の作業を自動化できる「ソフトウェアロボット」のこと。毎日行っている定型業務などで利用されている事例がある。自動化したい業務の動作をRPAにレコーディングし，夜間に動作させておくことも可能である。翌朝，社員が出社すると夜間にいつもの定型業務が完了しているため，社員は残業する必要がなくなる。

ウ SFA（Sales Force Automation：営業支援システム）は，営業のプロセスや進捗状況を管理し，営業活動を効率化するためのシステムである。

エ SOA（Service Oriented Architecture）の略。企業に導入されている様々なアプリケーションまたその機能の一部を1つのサービスとして部品化し，そういった部品を必要に応じて1つのサービスとして組み合わせることで新たなシステムとして使う，といった設計の手法である。

解答：イ

問4

ア クラウドコンピューティングとは，インターネット上のサーバにあるコンピュータが提供している機能を，インターネット経由で利用する仕組みのこと。

イ 適切な選択肢。シェアリングエコノミーとは，個人が保有する遊休資産（スキルのような無形のものも含む）の貸し借りにより，多くの人と共有・交換して利用する社会的な仕組み。貸主は遊休資産の活用による収入，借主は所有することなく利用ができるというメリットがある。

ウ テレワークとは，「tele＝離れた所」と「work＝働く」の2つの言葉を組み合わせた造語である。オフィス（会社や現場等）から離れたところで働くという意味になる。

エ ワークシェアリングとは，仕事を分け合い，労働者一人あたりの負担を減らし雇用を生み出すことを目的とした働き方である。

解答：イ

第 6 章
企業戦略

105 PPM (Products Portfolio Management)

市場占有率と市場成長率の2軸から自社の製品・サービスや事業を分類し，経営資源の投資配分を検討する分析手法

PPM（プロダクトポートフォリオ分析）は，商品について市場成長率を縦軸に，シェアを横軸にとって4つの象限に分割し，商品がそのいずれに属するかに従い経営資源の配分や優先順位の決定に役立てようとする市場戦略分析手法である。

PPM分析における4象限のそれぞれの意味は次のとおりである。

● 花形（Star）：市場成長率[高]，市場占有率[高]

市場占有率が高いために利益を出しやすいものの，市場成長率が高いために競争が激しい。市場での競争に打ち勝つために，積極的な投資を継続することが望ましい。

● 金のなる木（Cash Cow）：市場成長率[低]，市場占有率[高]

市場成長率が低く新規参入も少なくなっているために競争は穏やかになっていて，積極的な投資は必要とされない。市場占有率が高いために安定した利益が出しやすい。

● 問題児（Problem Child）：市場成長率[高]，市場占有率[低]

市場成長率が高いために競争が激しく，積極的な投資が必要とされる一方，市場占有率が低いために利益が出しにくい。ただし市場占有率を高められれば，将来的に花形や金のなる木になる可能性がある。

● 負け犬（Dog）：市場成長率[低]，市場占有率[低]

市場成長率が低いために投資は必要とされないが，市場占有率が低いために利益も出ない。事業を整理し，それによって余剰となった資金を花形や負け犬の事業に分配していくことが，経営判断として適切である場合がある。

関連用語

ブルーオーシャン戦略　新しい価値を提供することによって，競争のない新たな市場を生み出す戦略。複数の企業が血みどろの競争を繰り広げている市場（**レッドオーシャン**）に対する用語。

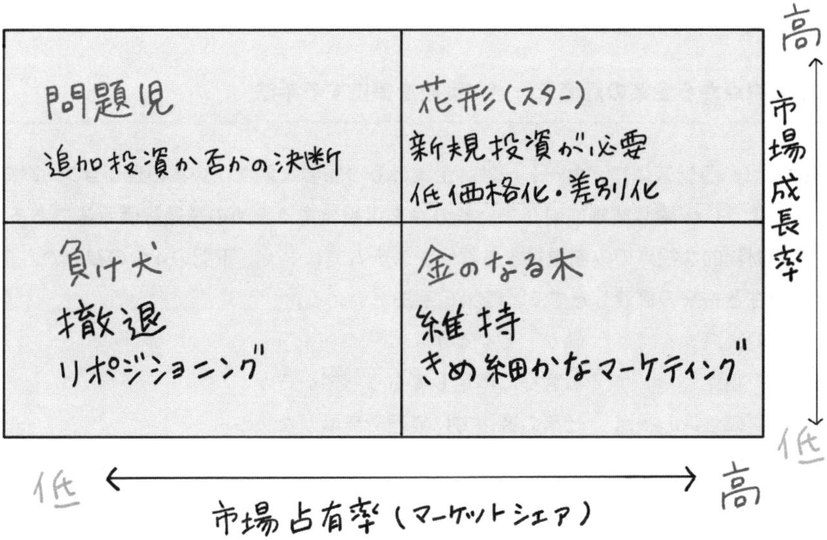

問題児 追加投資か否かの決断	花形（スター） 新規投資が必要 低価格化・差別化	高 ↑ 市場成長率
負け犬 撤退 リポジショニング	金のなる木 維持 きめ細かなマーケティング	低

低 ←――――――――→ 高
市場占有率（マーケットシェア）

関連用語

ファイブフォース分析   企業の競争要因（脅威）を次の5つに分類し、これを分析することによって、企業の競争優位性を決める構造を明らかにする分析手法。
- 既存同業者との敵対
- 新規参入企業の脅威
- 代替品の脅威
- 売り手の交渉力
- 買い手の交渉力

【問題】（平成29年春期 問34改）

PPM（Product Portfolio Management）の目的は、複数の製品や事業を市場シェアと市場成長率の視点から判断して、最適な経営資源の配分を行うことである。

....

解答 ○

106 | BSC
（Balanced Score Card）

ビーエスシー

４つの視点から企業の評価を行い，戦略を策定する手法

BSC（バランススコアカード）は，企業のもつ重要な要素が企業のビジョン・戦略にどのように影響し業績に現れているのかを可視化するための業績評価手法である。従来の財務的な視点のみを重視する評価システムではなく，下記の４つの視点から企業の現在と将来の橋渡しをする戦略策定手法といえる。

- ●財務の視点　　　　　儲かっているか
- ●顧客の視点　　　　　お客様に満足してもらっているか
- ●業務プロセスの視点　仕事の進め方に無理や無駄がないか
- ●学習と成長の視点　　従業員は学習し，成長しているか

それぞれの企業の掲げたビジョンや戦略に焦点をあわせるため，４つの視点ごとの重みを考慮し，「バランス」よく戦略に活かすことが求められる。

第
6
章

企業戦略

【問題】（平成29年秋期 問14改）

BSC（Balanced Scorecard）は，顧客に提供する製品やサービスの価値が，どの活動によって生み出されているかを分析する手法である。

．．．

　解答　×　BSCは，財務に加え，顧客，業務ビジネスプロセス，学習と成長の４つの視点に基づいて戦略策定や業績評価を行う手法。問題文は，「バリューチェーン分析」の記述。

107 | SWOT分析
スウォット

外部環境と内部環境をプラス面，マイナス面に分けて分析することで，戦略策定やマーケティングの意思決定などを行う手法

　組織のビジョンや戦略を企画立案する際に利用する現状を分析する手法の1つである。SWOTは，Strength（強み），Weakness（弱み），Opportunity（機会），Threat（脅威）の頭文字を取ったもので，さまざまな要素をこの4つに分類し，マトリクス表にまとめることにより，問題点が整理される。

		外部環境	
		(3) 機会（Opportunity）	(4) 脅威（Threat）
内部環境	(1) 強み（Strength）	積極的攻勢	差別化戦略
	(2) 弱み（Weakness）	段階的施策	専守防衛または撤退

【問題】（平成30年春期 問17改）

　ある業界への新規参入を検討している企業がSWOT分析を行った。分析結果のうち，「既存事業での成功体験」は機会に該当する。

　　解答　×　「既存事業での成功体験」は自社内部環境のプラス要因なので，強みに該当する。

---

108 | アンゾフの 成長マトリクス

企業の事業分野を「製品が既存か新規か」「市場が既存か新規か」の２軸で分けた４つの象限

経営学者イゴール・アンゾフが提唱した企業戦略策定のためのフレームワークである。縦横の軸に「市場」「製品」を取り、それぞれ「既存」，「新規」の２区分を設け，４象限のマトリクスとしたもの。この４象限から事業を成長させる４つの戦略を提唱している。

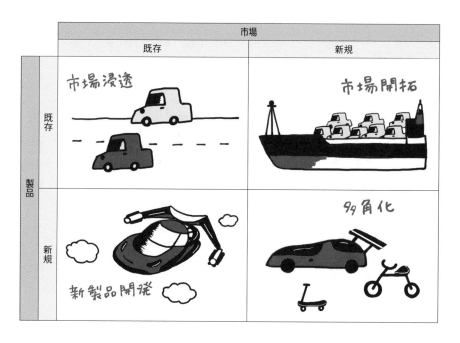

- **市場浸透**：既存の市場で既存の製品を販売する。事業拡大を目指し，商品の購入頻度や購入量を増やしていく。
- **市場開拓**：既存の製品で新しい市場に参入しようとする。海外進出や新しいターゲットを狙う。
- **新製品開発**：既存の市場で新製品を販売する。関連商品や機能追加商品を売る。
- **多角化**：新しい市場で，新製品を販売していく。リスクは高いが，新しい収益機会を得る。

第6章 企業戦略

関連用語

競争戦略　アメリカの経営学者マイケル・ポーターが提唱した経営戦略理論で，次の3つの基本戦略から構成されている。

- **コストリーダーシップ戦略**：低コストを実現し，他の競争業者よりも価格面で有利に製品やサービスを提供する
- **差別化戦略**：製品やサービスに特色を持たせ，業界の中で特異なポジションを占めようとする
- **集中戦略**：特定の地域や購入者などに経営資源を集中する

関連用語

コアコンピタンス　他社に真似できない核となる能力。成功を生み出す能力であり，競争優位の源泉となる。

【問題1】（平成30年春期 問1改）

製品と市場が，それぞれ既存のものか新規のものかで，事業戦略を"市場浸透"，"新製品開発"，"市場開拓"，"多角化"の四つに分類するとき，「カジュアル衣料品メーカが，ビジネススーツを販売する」ことは，"市場浸透"の事例に該当する。

　　解答　×　"新製品開発"に該当する事例。

【問題2】（平成23年秋期 問22改）

コーポレートガバナンスは，顧客に価値をもたらし，企業にとって競争優位の源泉となる，競合他社には模倣されにくいスキルや技術を指す。

　　解答　×　コーポレートガバナンスは，企業の経営について利害関係者が監視・規律すること。問題は「コアコンピタンス」の説明。

109 | Webマーケティング

インターネットを利用して行われるマーケティング

Webマーケティングは，オンラインショップなどのWebサイト，Webサービスにより多くの消費者を集客し，サイト上に掲載された商品・サービスなどの購入を促すための活動である。一般的なマーケティング活動と異なる大きな特徴として，施策の結果を全て数値で管理出来るという点がある。紙媒体であれば，チラシをどこで入手して，どのページがどれだけ読まれたかということを計測するのは非常に難しい。しかし，Webマーケティングであれば，どこから来て，誰が・どのページを・何回・何秒滞在したか，などの情報を見ることが出来る。

過去Webサイトにアクセスしてくれたユーザに向けて広告を出すリターゲティング広告や，TwitterやFacebookなどのソーシャルメディアに広告を出すSNS広告など，Webマーケティングの重要性は増してきている。

【問題】（オリジナル）

オンラインショップやWebサイトを用いて行われるマーケティング活動をテレマーケティングという。

解答 ×　問題文は「Webマーケティング」の説明。「テレマーケティング」はオペレータが電話で直接顧客と対話して販売促進を行う手法のこと。

110 | アクセシビリティ (accessibility)

年齢的・身体的条件にかかわらず，どんな人でも使えるように工夫すること

アクセシビリティを直訳すると，「近づきやすさ」となる。ITの分野では機器やソフトウェア，システム，情報などが身体の状態や能力の違いによらず様々な人から同じように利用できる状態やその度合いのことを指す。

例えば，高齢者や障害をもつ方に配慮した携帯電話の設計として，次のようなものが挙げられる。

- 大きなボタンで押しやすく，高齢者の方にも使いやすい携帯電話
- 受信したメール内容を音声で読み上げてくれる携帯電話
- 電話がかかってくると，"光"で知らせるベル

また，Web作成の際にもWebアクセシビリティに留意する必要がある。

- サイトマップ（総目次）で，全体が一覧できるようにする
- 画像には，代替テキストを入れる（音声読み上げソフトを使う人のため）

見やすい！
押しやすい！

【問題】（平成23年秋期 問62改）

Webアクセシビリティとは，Webページのデザインを統一して管理することを目的とした仕組みである。

解答 × Webアクセシビリティは年齢や身体的条件にかかわらず，誰もがWebを利用して，情報を受発信できる度合い。問題文は，「CSS（Cascading Style Sheets）」に関する記述。

111 | プッシュ戦略と プル戦略

プッシュ戦略は消費者に売り込んでいく"押せ押せ"の戦略，プル戦略は広告などで需要を"引き出す"戦略

マーケティングの手法には，次の2つのやり方がある。

- **プッシュ戦略**：企業側から顧客に積極的に製品・サービスをアピールしていき，売り込みによって多くの購入を促す戦略。具体的には，商品の説明や販売方法の指導，さらに店舗への販売員の派遣などがこれにあたる。また，販売数に応じた報酬を提供することでモチベーションを上げる手法もある。

- **プル戦略**：広告や店頭活動に力を入れ，製品やサービスの魅力を訴えることで，購買意欲を刺激し，最終的には消費者が指名買いをするように仕向ける戦略。具体的には，テレビなどのCMやWeb広告，折り込み広告などの広告で消費者に商品や企業のアピールを行う。また，SNSアカウントでの情報発信もプル戦略の手法の1つとなる。

プッシュ戦略とプル戦略はどちらかしか取り入れてはいけない，というわけではない。自社や競合他社，消費者など様々な状況から，バランスを取りながらうまく組み合わせて実行することが重要となる。

関連用語

マーティングミックス　様々なマーケティング要素を戦略的に組み合わせること。4P, 4Cというフレームワークが知られている。

企業側の視点（4P）：Product（製品）／Price（価格）／Place（流通）／Promotion（プロモーション）

顧客の視点（4C）：Customer Value（価値）／Cost（コスト）／Convenience（利便性）／Communication（コミュニケーション）

関連用語

ワンツーワンマーケティング　1人ひとりの消費者のニーズや購買履歴に合わせて，個別に展開されるマーケティング活動。多数をターゲットとするマスマーケティング手法に対して，顧客1人ひとりを意識したマーケティングを行う。

関連用語

ニッチマーケティング　ニッチは「隙間」の意味。市場全体ではなく特定の小さな市場セグメントに焦点を当てたマーケティング活動。

【問題1】（平成24年秋期 問26改）

メーカの販売促進策で，販売店への客の誘導を図る広告宣伝の投入は，プル戦略に該当する。

. . . .

解答　○

【問題2】（平成29年春期 問2改）

マーケティングミックスの検討に用いる考え方のうち，売り手の視点から分類したものは4Cとよばれる。

. . . .

解答　×　売り手側の視点は4P。4Cは消費者側の視点を分類したもの。

112 | クラウドファンディング

インターネットでやりたいことを発表し，賛同してくれた人から広く資金を集める仕組み

クラウドファンディングとは，「群衆（クラウド）」と「資金調達（ファンディング）」を組み合わせた造語で，「インターネットを介して不特定多数の人々から少額ずつ資金を調達する」ことを指している。

日本では2011年の東日本大震災が契機となって広まった。支援したお金がどのように使われるのかが分かること，少ない額から気軽に支援できることなどが，被災地の復興支援に必要な資金を集めるために大きな役割を果たし，注目されるようになったのである。

この仕組みには「購入型」「寄付型」「投資型」などのタイプがあり，新しいテクノロジーを使った商品開発，スポーツ選手・団体の応援など，様々な分野で活用されている。

第
6
章

企業戦略

起案者

資金提供

【問題】（平成29年秋期 問22改）

インターネット上の仮想的な記憶領域を利用できるサービスを提供することは，クラウドファンディングの一例である。

解答　×　クラウドファンディングはインターネットなどを通じて，不特定多数の人から広く寄付を集めるような行為のこと。問題文は「オンラインストレージ」の事例。

113 | ERP (Enterprise Resource Planning)

イーアールピー

企業全体の経営資源を有効に，かつ一元的に計画・管理し，経営の効率化を図る取組み

ERP（企業資源計画，企業資源管理）は企業経営の基本となる資源要素を適切に分配し有効活用する計画，考え方を意味する。ここでいう資源要素とは，いわゆる「ヒト・モノ・カネ・情報」であり，人材，製品・原材料や設備，資金，そして情報を指す。

現在では，「基幹系情報システム」つまり企業内でメインとなる業務を扱う情報システムを指すことが多く，企業の情報戦略に欠かせない重要な位置を占めている。実際にはERPパッケージとよばれる生産，販売，財務会計などの経営資源を一元管理するためのソフトウェア群を導入することが多い。代表的なERPパッケージには，SAPの「SAP Business All-in-one」，Oracleの「Oracle ERP Cloud」などがある。

顧客管理　在庫管理　ERP　会計管理　販売管理　人事管理

【問題】（平成31年春期 問3改）

ERPは購買，生産，販売，経理，人事などの企業の基幹業務の全体を把握し，関連する情報を一元的に管理することによって，企業全体の経営資源の最適化と経営効率の向上を図るためのシステムである。

....

解答　○

CRM (Customer Relationship Management)

シーアールエム

IT技術を利用して，顧客の維持や関係の強化を図る仕組み

　CRM（顧客関係管理）は，顧客の情報を収集・分析して，最適で効率的なアプローチを行い，自社の商品やサービスの競争力を高める経営手法である。営業部門だけでなく，顧客と接する機会のあるすべての部門で，顧客情報とコンタクト履歴を共有・管理することで，問い合わせやトラブルに対応できる。

　CRMの目的は顧客の情報を統合管理することで，顧客と密接でより良い関係を構築し，顧客の満足度を上げることである。その結果，商品やサービスの購買に結び付くことが予測され，売上げアップにつながる。

　例えば，販売促進であれば，CRMで管理された顧客情報を分析して，顧客ごとにカスタマイズされたきめ細かい販促用DMを送付する，アフターサービス業務であれば，顧客の購買履歴を正しく把握して，予防保守や消耗品補給を行う，といったサービスに役立てることができる。

第6章 企業戦略

192

COLUMN　覚えておきたい3文字略語

　ビジネスシステムには英字3文字略語で表されるものが多い。覚えにくいが，元の英語と併せて，キーワードで把握しておきたい。

SCM (Supply Chain Management)	原材料の調達から製造，流通，販売，顧客へとつながる**一連の流れ**を管理して，**全体の最適化**を図る仕組み
SFA (Sales Force Automation)	営業支援システム。営業活動にIT技術を活用して営業効率と品質を高め，売上・利益の大幅な増加や顧客満足度の向上を目指す
MRP (Material Resource Planning)	資材所要量計画。生産計画を立案する際に**資材の所要量**を見積もる手法
EDI (Electronic Data Interchange)	電子情報交換。商取引に関する情報を，企業間で電子的に交換する仕組みのこと。企業ごとに情報の形式が異なっていると情報交換が容易ではないため，情報フォーマットの標準化が必要とされる
POS (Point Of Sale)	販売時点情報管理。ネットワークを利用して販売時点での**商品売上情報**を把握し，それに基づいて売上や在庫を管理するためのシステム。バーコードリーダでバーコードを読み取ると商品情報が入力され，ストアコントローラと呼ばれるコンピュータに接続して情報を転送する形態が多い

【問題】（平成28年春期 問11改）

CRMへの入力情報は，販売日時，販売店，販売商品，販売数量などがあればよい。

解答　×　CRMは，顧客に関するあらゆる情報を統合管理し，企業活動に役立てる経営手法である。CRMへの入力データとしては購買履歴も必要だが，各顧客の詳細な属性情報や，問合せやクレームの内容など多岐にわたる。

第 6 章　企業戦略

115 | ハウジングとホスティングとオンプレミス

ハードウェア，特にサーバの運用方法。ハウジングはサーバを預ける。ホスティングはサーバをレンタルする。オンプレミスは自社内でサーバを運用する

　IT技術が広く普及し，どの企業でもサーバを利用することが増えてきた。自社内でサーバを運用することを**オンプレミス**という。その場合，筐体（機械や装置の外箱部分）の管理のみならず災害時の対応や電源の確保なども全て自社の責任で行わなくてはならない。そのため，最近では自社内に置かないケースが増えてきている。

　ハウジングとは，データセンタ（サーバ等のコンピュータとデータの管理を行う事業者，またはコンピュータを設置している場所そのもの）のラック（サーバを収容する鍵のついた棚）とサーバに接続するネット回線や電源を借り，自社所有のサーバをその中に設置し，運用することをいう。

　ホスティングとは，サーバ自体もデータセンタまたは事業者が所有しているものを借り，その中の決められた容量分を借りて運用することをいう。

　そのほかに，近年では，サーバ機能をネットワーク経由で使う形態である**クラウド型**が急上昇している。

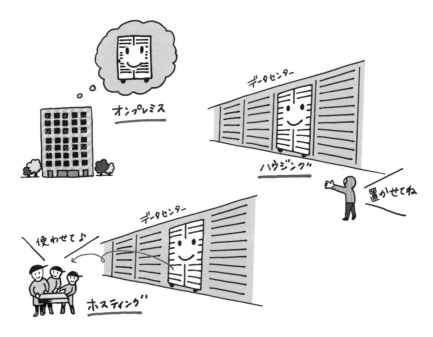

SaaS
サース

Software as a Serviceの略で，ソフトウェアをサービスとして提供する形態。

PaaS
パース

Platform as a Serviceの略で，アプリケーションを稼働させるための基盤（プラットフォーム）をサービスとして提供する形態。

IaaS
イアースまたはアイアース

Infrastructure as a Serviceの略で，サーバ，CPU，ストレージなどのインフラをサービスとして提供する形態。

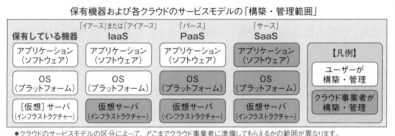

保有機器および各クラウドのサービスモデルの「構築・管理範囲」

●クラウドのサービスモデルの区分によって，どこまでクラウド事業者に準備してもらえるかの範囲が異なります。

出典：総務省「ICTスキル総合習得プログラム　2-2 クラウドのサービスモデル・実装モデル」

【問題】（平成28年秋期 問22改）

自然災害などによるシステム障害に備えるため，自社のコンピュータセンタとは別の地域に自社のバックアップサーバを設置したい。このとき利用する外部業者のサービスとして，ハウジングが適している。

解答　○

116 | 組込みシステム

炊飯器やエアコンなどの家電製品に内蔵される，機器の特定の機能を実現するためのシステム

　組込みシステムとは，携帯電話やスマートフォンをはじめ，テレビや洗濯機といった家電・自動車・製造ロボットなどに組み込まれているコンピュータシステムである。コンピュータシステムといっても，パソコンのようにハードウェアに様々なソフトウェアやアプリケーションソフトをインストールして，使用できるわけではない。多くの場合，組込みシステムとは，ある機能に特化したシステムとなる。例えば，洗濯機の場合，洗濯と乾燥以外の機能は必要ないため，これらの機能に特化したハードウェアとソフトウェアを同時に開発することになる。

　家電製品や携帯電話だけでなく，自動販売機，カメラ，オーディオ，自動車，コピー機など，今や電気が通っている機器にはすべて組み込まれているといっても過言ではない。

【問題】（平成 26 年秋期 問 2 改）

スマートフォンに自分でダウンロードしたゲームソフトウェアは組込みソフトウェアに該当する。

....

　解答　×　組込みソフトウェアは機器と一体化している。ゲームソフトウェアのように自分でダウンロードするものは組込みソフトウェアではない。

問1 (令和2年10月 問6)

BSC (Balanced Scorecard) に関する記述として, 適切なものはどれか。

ア　企業や組織のビジョンと戦略を, 四つの視点 ("財務の視点", "顧客の視点", "業務プロセスの視点", "成長と学習の視点") から具体的な行動へと変換して計画・管理し, 戦略の立案と実行・評価を支援するための経営管理手法である。

イ　製品やサービスを顧客に提供するという企業活動を, 調達, 開発, 製造, 販売, サービスといったそれぞれの業務が, 一連の流れの中で順次, 価値とコストを付加・蓄積していくものと捉え, この連鎖的活動によって顧客に向けた最終的な "価値" が生み出されるとする考え方のことである。

ウ　多種類の製品を生産・販売したり, 複数の事業を行ったりしている企業が, 戦略的観点から経営資源の配分が最も効率的・効果的となる製品・事業相互に組合せを決定するための経営分析手法のことである。

エ　目標を達成するために意思決定を行う組織や個人の, プロジェクトやベンチャービジネスなどにおける, 強み, 弱み, 機会, 脅威を評価するのに用いられる経営戦略手法のことである。

問2 (令和2年10月 問15)

SCMの説明として, 適切なものはどれか。

ア　営業, マーケティング, アフターサービスなど, 部門間で情報や業務の流れを統合し, 顧客満足度と自社利益を最大化する。

イ　調達, 生産, 流通を経て消費者に至るまでの一連の業務を, 取引先を含めて全体最適の視点から見直し, 納期短縮や在庫削減を図る。

ウ　顧客ニーズに適合した製品およびサービスを提供することを目的として, 業務全体を最適な形に革新・再設計する。

エ　調達, 生産, 販売, 財務・会計, 人事などの基幹業務を一元的に管理し, 経営資源の最適化と経営の効率化を図る。

問3（令和2年10月 問21）

横軸に相対マーケットシェア，縦軸に市場成長率を用いて自社の製品や事業の戦略的位置付けを分析する手法はどれか。

ア　ABC分析　　　イ　PPM分析

ウ　SWOT分析　　エ　バリューチェーン分析

問4（令和2年10月 問27）

企業間で商取引の情報の書式や通信手順を統一し，電子的に情報交換を行う仕組みはどれか。

ア　EDI　　イ　EIP　　ウ　ERP　　エ　ETC

解説

問1

ア　適切な記述。BSC（バランススコアカード）は企業ビジョンの実現・目標の達成を目指し，財務の視点，顧客の視点，業務プロセスの視点，学習と成長の視点の4つの視点から戦略を立てる管理手法である。

イ　バリューチェーン分析に関する記述。

ウ　PPM分析に関する記述。

エ　SWOT分析に関する記述。

解答：ア

問2

ア　CRM（Customer Relationship Management）に関する記述。

イ　適切な記述。SCM（Supply Chain Management）は，原材料の調達から製造，流通，販売，顧客へとつながる一連の流れを管理して，全体の最適化を図る仕組みである。

ウ　BPR（Business Process Re-engineering）に関する記述。

エ　ERP（Enterprise Resource Planning）に関する記述。

解答：イ

問3

ア ABC分析は，パレート図を使って分析する要素・項目群を大きい順に並べ，累積構成比の多い順にA・B・Cの3グループに分類し管理する方法のこと。複数ある要素に対して重要度や優先度を決めることができる。

イ 適切な記述。PPM分析は相対マーケットシェア（市場占有率）と市場成長率の2軸で，製品や事業の位置付けを分析する手法である。

ウ SWOT分析は，企業内外の要因を，S（Strength，強み），W（Weakness，弱み），O（Opportunity，機会），T（Threat，脅威）の4つに分類することで，企業の置かれている経営環境を分析する手法である。

エ バリューチェーン分析は，業務を「購買物流」「製造」「出荷物流」「販売・マーケティング」「サービス」という5つの主活動と，「調達」「技術開発」「人事・労務管理」「全般管理」の4つの支援活動に分類し，製品の付加価値がどの部分で生み出されているかを分析する手法である。

解答：イ

問4

ア 適切な選択肢。EDI（Electronic Data Interchange）は，商取引に関するデータや文書を，通信回線を通じて企業間でやり取りをする仕組みである。業界間で書式や通信手順に差があることによって均一化がなされていないのが問題だったが，現在ではインターネットの普及に伴い，業界の枠組みを超えた統一が進んでいる。

イ EIP（Enterprise Information Portal）は，企業内の多様な情報システムにあるデータやアプリケーションなどを一括して閲覧することが可能で，業務に必要な情報を一括表示する企業情報ポータルである。

ウ ERP（Enterprise Resource Planning）は，企業全体の経営資源を有効かつ総合的に計画・管理し，経営の効率化を図るための手法である。

エ ETC（Electronic Toll Collection）は，高速道路などの有料道路の利用時に料金所，検札所の通過をスムーズに行うために料金所の通過時に自動で料金を精算するシステムである。

解答：ア

第 7 章
企業経営

117 | コンプライアンス

企業がルールや社会的規範を守って行動すること

コンプライアンスは，日本語では「法令遵守<ruby>法令遵守<rt>ほうれいじゅんしゅ</rt></ruby>」と訳される。しかし企業が，法律や条例を守るのは当然のことである。コンプライアンスは単に法令を守ればいいということではない。

コンプライアンスには，それに加え，「法律として明文化されてはいないが，社会的ルールとして認識されているルールに従って企業活動を行う」の意味がある。社内規程・マニュアル・企業倫理・社会貢献の遵守・マナーといったところまで含む概念である。

したがってコンプライアンス違反も様々な種類がある。粉飾決算や脱税はもちろんのこと，談合，個人情報流出，過労死，種々のハラスメント行為などもコンプライアンス違反と考えられる。企業がコンプライアンス違反した場合，損害賠償請求，売上の減少，社会的信頼の失墜といった影響を受ける可能性がある。

【問題】（平成30年秋期 問12改）

品質データの改ざんの発覚によって，当該商品のリコールが発生したことは，コンプライアンス違反の事例である。

....

解答　○

118 | ITガバナンス

経営に即したIT戦略の企画・立案と，その確実な履行を狙った仕組み

ガバナンス（governance）は「統治」と訳される。企業におけるガバナンスは「健全な企業経営を目指す，企業自身による管理体制」を指す。日本では，2000年代ごろに大企業による不祥事が相次いだことから，注目されるようになった。経営者の勝手な振る舞いや社内の不正行為，情報漏えいといった経営リスクを未然に防ぐためには，ガバナンスの強化が必須となる。具体的には，「内部統制やリスクマネジメントを向上させる部門の設置」や「役割と指示系統を明確にする仕組みづくり」などがある。

ITガバナンスは，ITにおける統治や管理ということになる。企業が競争優位性を構築するために，IT戦略の策定・実行をガイドし，あるべき方向へ導く組織能力である。具体的には，「CIO（最高情報責任者）などのIT担当役員や責任部門（情報システム部門やシステム企画部門）を定め，経営層と一体となってIT戦略の立案や実行を推進する」ことを指す。

【問題】（令和元年秋期 問53改）

企業におけるITガバナンスを構築し，推進する責任者は，株主である。

....

解答 ✕　ITガバナンスは経営者の主導で実践する。したがって，責任者は経営者が適切である。

システム監査

情報処理システムについて，信頼性・安全性・効率性などの点について第三者の視点から客観的に点検・評価すること

監査とは「必要な基準や手続きが定められているか，その基準や手続きが，実際に守られているか」を第三者がチェックすることである。監査対象によって，**会計監査**，**業務監査**，**システム監査**，**情報セキュリティ監査**などがある。

システム監査は，組織体の情報システムのリスクに対するコントロールがリスクアセスメント（→058）に基づいて適切に整備・運用されているかを，独立かつ専門的な立場のシステム監査人が検証または評価することである。情報システムの信頼性・安全性・効率性などの向上のために，客観的な立場であるシステム監査人が情報システムを総合的に評価し，助言・勧告・改善活動のフォローアップまでを行う。

ポイントの1つは「リスクに対するコントロール」という点である。例えば入力をある人がやっていて，その入力のチェックも同一の人がやっていたとする。この場合は，処理の正確性に関するリスクがコントロールできていないことになる。

ポイントの2つめは「独立かつ専門的な立場」という点である。例えば情報システムの監査を情報システムの開発部門や利用部門が監査することはない。独立性が保てないからである。

第7章 企業経営

システム監査は大きく分けると「計画」「実施」「報告」の三段階に分けられ、次のようなプロセスで行われる。

- **監査計画の策定**：経営者の意向、経営や情報化の課題などを調査し、調査の目的、対象、テーマを明確化した上で、監査の実施計画、報告の実施計画である監査個別計画を策定する。
- **予備調査**：管理者へのヒアリングや資料の確認をすることで、監査対象の実態を概略的に調査する。
- **本調査**：監査個別計画で設定した監査項目・監査手続きに従うことで監査対象の実態を調査する。監査証拠を確保する。
- **システム監査報告書の作成**：予備調査、本調査で集めた監査証拠を確認、分析、評価して報告書を作成する。報告書には監査テーマに対する評価・改善事項とそれに対する改善案などを記述する。
- **意見交換会**：被監査部門の代表者と記述内容に事実誤認がないかどうかの確認を行う。
- **監査報告会**：監査報告書の最終版を作成し、経営トップに報告する。
- **フォローアップ**：システム監査人が、改善の実施状況をモニタリングし、改善を実現するために、適切な対策の実施を指導する。

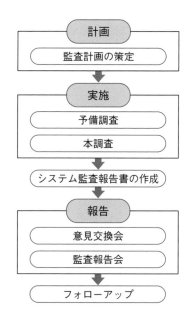

【問題】（令和元年秋期 問36改）

システム監査の目的は、情報システム企画段階で、ユーザニーズを調査し、システム化要件として文書化することである。

....

解答 × システム監査の目的は、情報システムに係るリスクをコントロールし、情報システムを安全、有効かつ効率的に機能させることである。

内部統制

（ないぶとうせい）

事業活動にかかわる従業員すべてが遵守すべき社内ルールや仕組み

　内部統制は，企業の事業目的や経営目標に対し，それを達成するために必要なルール，仕組みを整備し，適切に運用することである。そのルールや仕組みには業務の効率や有効性，法令遵守，資産の保全等も含まれる。金融庁は，「財務報告に係る内部統制の評価及び監査の基準」で，内部統制の目的と要素を次のように定義している。

内部統制の目的	内部統制の基本的要素
・業務の有効性及び効率性 ・財務報告の信頼性 ・事業活動に関わる法令などの遵守 ・資産の保全	・統制環境 ・リスクの評価と対応 ・統制活動 ・情報と伝達 ・モニタリング（監視活動） ・IT（情報技術）への対応

うちの会社は
USBメモリ
使用禁止だよ

【問題】（平成31年春期 問43改）

事業活動に関わる法律などを遵守することは内部統制の目的の1つであるが，社会規範に適合した事業活動を促進することまでは求められていない。

....

　解答　×　コンプライアンス（→117）は内部統制の目的の1つであり，コンプライアンスには社会規範に適合することも含まれる。

121 | CSR (Corporate Social Responsibility)
シーエスアール

企業活動において，経済的成長だけでなく，環境や社会からの要請に対し，責任を果たすことが，企業価値の向上につながるという考え方

CSRは，「企業の社会的責任」と訳すことができる。企業の究極の責任は，利潤の追求であり，そこから派生する納税や雇用と捉えることもできる。

近年CSRはもう少し広い意味で使われている。「社会的課題の解決」と「（自社の売上高や利益など）経営的成果」の両方を目的とする取組みという捉え方である。社会的課題は，人権擁護，環境保全，温暖化防止，貧困撲滅，格差是正，障がい者雇用，ダイバーシティの推進，文化支援，人権保護などのあらゆる課題を指している。それを解決するための新しいサービスや製品を開発・投入することまで含めた概念である。

例えば，日本企業の多くはCSR活動の一環として，工場から出る有害な煙や汚水を減らす活動や森林伐採を行った山に苗木を植える活動を行っている。これは環境保全の取り組みである。

企業が社会に貢献することは，企業価値の向上に繋がるという考え方といえる。

会社

Win-Win

地域住民

【問題】（平成30年秋期 問8改）

小売業A社は，自社の流通センタ近隣の小学校において，食料品の一般的な流通プロセスを分かりやすく説明する活動を行っている。A社のこの活動の背景にあるのはCSRの考え方である。

....

解答 ○

122 | BCP (Business Continuity Plan)

ビーシーピー

自然災害，大火災，テロ攻撃などの緊急事態に遭遇した場合，損害を最小限にとどめつつ，事業の継続あるいは早期復旧を可能とする計画

　BCP（事業継続計画）は，企業が，テロや災害，システム障害や不祥事といった危機的状況下に置かれた場合でも，重要な業務が継続できる方策を用意し，生き延びることができるようにしておくための戦略を記述した計画書である。

　大規模な地震やテロなどの危機が発生したときには，オフィスやデータセンタ，従業員などの重要な経営資源が被災し，活動能力が限定されるため，すべての業務を平常時と同じ水準で継続させることは困難になる。そのため，「守るべき業務」と「守るべき水準」を事前に明確に定めておくことが重要となる。災害等の発生後「いつまでに」「何を」「どこまで」復旧させるか，という計画である。

関連用語

BCM　　Business Continuity Management の略で，事業継続管理のこと。事業継続のための戦略でBCPの上位の概念。

【問題】（オリジナル）

大規模な自然災害を想定したBCPを作成する目的は，建物や設備などの資産の保全である。

....

解答　×　BCPを作成する目的は，経営資源が縮減された状況における重要事業の継続である。

123 | グリーン調達

環境負荷の少ない商品やサービスの提供，環境配慮等に積極的に取り組んでいる企業から優先的に部品等を調達すること

「グリーン」には，「緑」だけでなく「環境に配慮した」という意味もある。**グリーン調達**は，原料や原材料を調達する企業，仕入れ業者，その他製品の生産に関わる上流側の企業から下流側の企業，製品の使用者，そして廃棄に至るまでのライフサイクル全体を視野に入れ，環境負荷の低減を図ることとされる。

例えば，トイレットペーパーの材質となる紙を調達する際にリサイクル紙を利用するなどといった活動がこれに当たる。企業がグリーン調達を行うことは，環境への影響を低減し，最終的にはエンドユーザの「グリーン購入」に繋がる。グリーン購入とは，「できるだけ環境に優しい製品の購入を心がけよう」という消費者心理のことをさす。

【問題】（オリジナル）
自然界への排出ゼロのシステムを構築する，またはそれを構築するように目指す基本的な考え方をグリーン調達という。

....

解答 × グリーン調達は，環境負荷の小さい製品やサービスを，環境負荷の低減に努める事業者から優先して購入すること。問題文は「ゼロエミッション」に関する説明。

124 | ダイバーシティ (diversity)

国籍，性別，年齢などにこだわらず様々な人材を登用し，多様な働き方を受容していこうという考え方

ダイバーシティとは，多様性という意味で，多様な人材を積極的に活用しようという考え方のことである。もとは，社会的マイノリティの就業機会拡大を意図して使われることが多かったが，現在は性別や人種の違いに限らず，年齢，性格，学歴，価値観などの多様性を受け入れ，広く人材を活用することで生産性を高めようとするマネジメントを指す。

企業がダイバーシティを重視する背景には，有能な人材の発掘，斬新なアイディアの喚起，社会の多様なニーズへの対応といったねらいがある。日本においても，大企業を中心に，ダイバーシティ推進に積極的な企業が増加しているが，まだまだ定着しているとは言えない状況である。

【問題】（平成29年春期 問25改）

企業が，異質，多様な人材の能力，経験，価値観を受け入れることによって，組織全体の活性化，価値創造力の向上を図るマネジメント手法をダイバーシティマネジメントという。

....

解答　〇

125 | SDGs (Sustainable Development Goals)

エスディージーズ

持続可能な開発目標

SDGsは，2015年9月の国連サミットで採択された「持続可能な開発のための2030アジェンダ」にて記載された2016年から2030年までの開発目標である。17のゴール（なりたい姿）と169のターゲット（具体的な達成基準）から構成され，地球上の「誰一人取り残さない（leave no one behind）」ことを誓っている。日本でも，官民を挙げての取り組みが求められている。

17のゴールのうちいくつかを挙げると，次のようなものがある。

- 貧困をなくそう
- ジェンダー平等を実現しよう
- エネルギーをみんなに，そしてクリーンに
- 働きがいも経済成長も
- 気候変動に具体的な対策を

https://www.un.org/sustainabledevelopment/
The content of this publication has not been approved by the United Nations and does not reflect the views of the United Nations or its officials or Member States.

【問題】（令和元年秋期 問35改）

SDGsとは，持続可能な世界を実現するために国連が採択した，2030年までに達成されるべき開発目標を示す言葉である。

解答 ○

126 | HRテック (HR Tech)
エイチアール

テクノロジーの活用によって人材育成や採用活動，人事評価などの人事領域の業務の改善を行う

HRテックはHR（Human Resources）とテクノロジー（Technology）を組み合わせた造語である。

人事領域の業務は幅が広い。採用，教育・研修，人事評価，人材管理，勤怠管理，労務管理等々である。また，少子高齢化による採用難，働き方改革による働き方の多様化の影響もあり，人事に求められるものは質・量ともに非常に増えてきている。そういった背景から，「人事業務の効率化」や「質の高い人事戦略の構築」を実現するために，「人事業務にITを活かそう」という考え方が注目されてきている。

HRテックのサービス内容として，採用管理システム，人材管理システム（タレントマネジメントシステム），労務管理システム，勤怠管理システム，教育・育成管理システム（LMS）などが挙げられる。

【問題】（オリジナル）

HRテックとは，オンライン講義やオンライン教材など，教育分野にIT技術を応用する手法である。

....

解答　×　HRテックは，人事業務にIT技術を活かそうという考え方。問題文は「エドテック」（EdTech）に関する説明。

127 | 固定費と変動費

固定費は，売上高にかかわらず一定額発生する費用。変動費は，売上高に比例して発生する費用

会計業務には，財務会計と管理会計がある。

- **財務会計**：株主や借入先の金融機関といった外部の利害関係者に公開したり，税金申告の基礎としたりするために行う会計
- **管理会計**：会社が内部で管理を行うための会計。

管理会計を実践する上で，費用を固定費と変動費とに分類する方法がある。

固定費は，売上の増減にかかわらず発生する一定額の費用のことである。会社が事業を営むにあたっては，製造・販売などの操業をしていなくても，必ず支払いが発生する費用がある。例えば，事務所の家賃は毎月必ず発生するし，設備を使っていなくても減価償却費は発生する。固定費に該当する具体的な費用には，人件費，地代家賃，水道光熱費，接待交際費，リース料，広告宣伝費，減価償却費などがある。

変動費とは，売上の増減によって変動する費用のことである。例えば，1,000個の製品を製造する場合，1,000個分の原材料を調達する必要があり，その分の原価が発生する。変動費に該当する具体的な費用は，原材料費，仕入原価，販売手数料，消耗品費などがある。

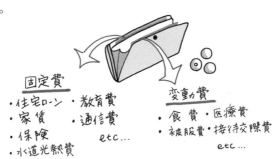

固定費
- 住宅ローン ・教育費
- 家賃 ・通信費
- 保険　　 etc…
- 水道光熱費

変動費
- 食費 ・医療費
- 被服費 ・接待交際費
　　 etc…

【問題】（オリジナル）

売上高100の時に，変動費は40，固定費は20だった。変動費率が同じ場合，売上高が150の時，変動費は60，固定費は20となる。

．．．

解答　○

128 | 財務諸表

経営活動の財務上の結果を関係者に報告する目的で作る計算書類。特に，貸借対照表・損益計算書・キャッシュフロー計算書を財務3表とよぶ

貸借対照表・損益計算書・キャッシュフロー計算書を財務3表という。

● **貸借対照表**（balance sheet：B/S）：決算期日における企業の財政状態を表した表。左（借方）に資産の部を，右（貸方）に負債の部と純資産の部を書く。

● **損益計算書**（profit and loss statement：P/L）：当会計期間における企業の経営成績を表した表。

2020/04/01 ～ 2021/03/31
単位：百万円

売上高	200
売上原価	100
売上総利益	100
販売費および一般管理費	60
営業利益	40
営業外収益	10
営業外費用	9
経常利益	41
特別利益	8
特別損失	9
税引前当期純利益	40
法人税等	20
当期純利益	20

売上総利益＝売上高－売上原価

営業利益＝売上総利益－販売費および一般管理費

経常利益＝営業利益＋営業外収益－営業外費用

税引前当期純利益＝経常利益＋特別利益－特別損失

● キャッシュフロー計算書（cash flow statement：C/F（シーエフ）)：一会計期間の現金及び現金同等物の増減を示した表。

2020/04/01〜2021/03/31

区分	金額
Ⅰ．営業活動によるキャッシュフロー	3,500
Ⅱ．投資活動によるキャッシュフロー	-2,000
Ⅲ．財務活動によるキャッシュフロー	25
Ⅳ．現金及び現金同等物の増減額	1,585
Ⅴ．現金及び現金同等物の期首残高	21,763
Ⅵ．現金及び現金同等物の期末残高	23,348

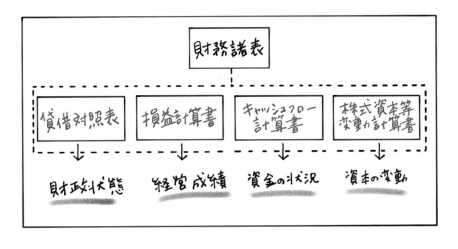

【問題】（平成21年春期 問16改）

損益計算書は，一会計期間における経営成績を表示したものである。

解答　〇

129 | 損益分岐点
そんえきぶんきてん

売上高と費用の額がちょうど等しくなる売上高

損益（利益または損失）に関しては，次の式が成り立つ。

損益 ＝ 売上－費用 ＝ 売上－（固定費＋変動費）

損益分岐点とは，売上高と費用が同額になる点（売上高）である。売上高が損益分岐点を超えると利益が発生する。

もし，売上高がゼロだったとしたら，変動費（→127）もゼロとなる。しかし固定費（→127）は一定額がかかるので，固定費分だけ赤字となる。売上が伸びていくと赤字は減っていき，ある点を超えると黒字になる。この時の売上高が**損益分岐点売上高**である。

単位：千円

項目	金額
売上高	1,000
変動費	800
固定費	100
利益	100

この場合は利益が出ている。利益ゼロになる売上高を x（千円）とすると，固定費は100で，変動費は売上高に比例する。その比例割合（変動費率）は

　　800／1000 ＝ 0.8

である。以上のことから，

　　$x-(100+0.8x)=0$

という式が成り立ち，これを解くと，

　　$x=500$

となる。つまり，500千円が損益分岐点である。

以下の公式もある。

　　損益分岐点売上高 ＝ 固定費÷（1－変動費÷売上高）

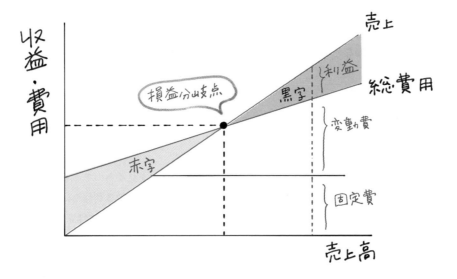

【問題】（**基本情報技術者試験 平成22年春期午前 問77改**）

固定費が変わらないとき，変動費率が低くなると損益分岐点は高くなる。

解答 × 損益分岐点売上高 ＝ 固定費÷（1－変動費÷売上高）
この公式から，変動費率が小さいほど，損益分岐点は低くなる。

130 | 財務指標

企業などのある期間における業績や，ある時点の財政状態などを表す，様々な種類の金額や比率などの値

　企業が意思決定を行うため，正確な現状把握と将来予測をすることは重要である。そのための財務分析にあたって，様々な種類の値を計算する。それが財務指標である。代表的な指標には次のようなものがある。

● **収益性分析の財務指標**

　収益性分析は，企業がどれだけ利益を上げられているかを見るものである。利益の具体的な額ではなく，その比率をチェックする。例えば売上高営業利益率は，売上高に対する営業利益の比率を表す指標で，営業（販売・管理）活動の効率性を判断する。比率が高いほど営業力があるとされている。

　売上高営業利益率＝営業利益÷売上高×100

　売上高経常利益率＝経常利益÷売上高×100

　総資本経常利益率（ROA）＝経常利益÷総資本×100

　自己資本当期利益率（ROE）＝当期純利益÷自己資本×100

● **安全性分析の財務指標**

　安全性分析は，銀行からの借入に対する返済能力といった，企業の支払い能力を見るものである。例えば流動性比率は，流動負債に対する流動資産の割合を示す指標である。流動負債はすぐに返済すべき負債で，流動資産はすぐに現金化できる資産であ

るため，流動比率が高ければ，会社の短期的な返済能力が高いということになる。

　　流動比率＝流動資産÷流動負債×100

　　固定比率＝固定資産÷自己資本×100

　　自己資本比率＝自己資本÷総資本×100

● **活動性分析の財務指標**

　活動性分析は，会社の経営が活発かどうかを見るものである。資本を効率的に使い，多くの売上をあげているほど活動性が高いといえる。例えば総資本回転率は，売上に対して資本がどれくらい回転しているか，つまり，資本を効率的に運営できているかを確認する指標である。この回転率が高ければ，少ない資本で大きい売上を上げているということになる。

　　総資本回転率＝売上高÷総資本

　　在庫回転率＝売上高÷平均在庫高

【問題】（平成30年春期 問11改）

次の貸借対照表から求められる自己資本比率は125％となる。

単位 百万円

資産の部		負債の部	
流動資産合計	100	流動負債合計	160
固定資産合計	500	固定負債合計	200
		純資産の部	
		株主資本	240

解答　×　自己資本比率は次の式で計算する。

　　自己資本比率＝自己資本÷総資本×100

ここで自己資本は貸借対照表のうち純資産の部の金額である。また総資本は負債の部（他人資本）と純資産の部（自己資本）を合わせた金額なので，自己資本比率は下記のようになる。

　　240÷（160＋200＋240）×100＝40（％）

問1 (令和2年10月 問2)

企業が社会の信頼に応えていくために，法令を遵守することはもちろん，社会的規範などの基本的なルールに従って活動する，いわゆるコンプライアンスが求められている。a~dのうち，コンプライアンスとして考慮しなければならないものだけを全て挙げたものはどれか。

a　交通ルールの遵守　　　b　公務員接待の禁止
c　自社の就業規則の遵守　d　他社の知的財産権の尊重

ア　a, b, c　　イ　a, b, c, d　　ウ　a, c, d　　エ　b, c, d

問2 (令和2年10月 問9)

国連が中心となり，持続可能な世界を実現するために設定した17のゴールから成る国際的な開発目標はどれか。
ア　COP21　　イ　SDGs　　ウ　UNESCO　　エ　WHO

問3 (令和2年10月 問26)

全国に複数の支社をもつ大企業のA社は，大規模災害によって本社建物の全壊を想定したBCPを立案した。BCPの目的に照らし，A社のBCPとして，最も適切なものはどれか。

ア　被災後に発生する火事による被害を防ぐために，カーテンなどの燃えやすいものを防災品に取り換え，定期的な防火設備の点検を計画する。

イ　被災時に本社からの指示に対して迅速に対応するために，全支社の業務を停止して，本社から指示があるまで全社員を待機させる手順を整備する。

ウ　被災時にも事業を続けるために，本社機能を代替する支社を想定し，限られた状況で対応すべき重要な業務に絞り，その業務の実施手順を整備する。

エ　毎年の予算に本社建物への保険料を組み込み，被災前の本社建物と同規模の建物への移転に備える。

問4（令和2年10月 問30）

企業の収益性を測る指標の一つであるROEの"E"が表すものはどれか。

ア　Earnings（所得）　　　イ　Employee（従業員）
ウ　Enterprise（企業）　　エ　Equity（自己資本）

問5（令和2年10月 問34）

営業利益を求める計算式はどれか。

ア　（売上総利益）－（販売費及び一般管理費）
イ　（売上高）－（売上原価）
ウ　（経常利益）＋（特別利益）－（特別損失）
エ　（税引前当期純利益）－（法人税，住民税及び事業税）

問6（令和2年10月 問41）

システム監査の目的に関して，次の記述中のa，bに入れる字句の適切な組合せはどれか。

情報システムにかかわるリスクに対するコントロールの適切な整備・運用について，　a　のシステム監査人が　b　することによって，ITガバナンスの実現に寄与する。

	a	b
ア	業務に精通した主管部門	構築
イ	業務に精通した主管部門	評価
ウ	独立かつ専門的な立場	構築
エ	独立かつ専門的な立場	評価

問7（令和2年10月 問45）

ITガバナンスの説明として，最も適切なものはどれか。

ア 企業が競争優位性構築を目的に，IT戦略の策定・実行をコントロールし，あるべき方向へ導く組織能力のこと

イ 事業のニーズを満たす良質のITサービスを実施すること

ウ 情報システムにまつわるリスクに対するコントロールが，適切に整備，運用されていることを第三者が評価すること

エ 情報セキュリティを確保，維持するために，技術的，物理的，人的，組織的な視点からの対策を，経営層を中心とした体制で組織的に行うこと

問8（令和2年10月 問52）

情報システム部門が受注システム及び会計システムの開発・運用業務を実施している。受注システムの利用者は営業部門であり，会計システムの利用者は経理部門である。財務報告に係る内部統制に関する記述のうち，適切なものはどれか。

ア 内部統制は会計システムに係る事項なので，営業部門は関与せず，経理部門と情報システム部門が関与する。

イ 内部統制は経理業務に係る事項なので，経理部門だけが関与する。

ウ 内部統制は財務諸表などの外部報告に影響を与える業務に係る事項なので，営業部門，経理部門，情報システム部門が関与する。

エ 内部統制は手作業の業務に係る事項なので，情報システム部門は関与せず，営業部門と経理部門が関与する。

解説

問1

コンプライアンスは，日本語で「法令遵守」と訳され，企業がルールや社会的規範を守って行動することを指す。現在は，法律を守ることだけではなく，倫理観や道徳観，社内規範といったより広範囲の意味として使われることが一般的になっている。

したがって，a，b，c，dすべてに配慮が求められる。

解答：イ

問2

ア　COP とは気候変動枠組条約締約国会議（Conference of Parties）の略称であり，地球温暖化
対策に世界全体で取り組んでいくための国際的な議論の場を指す。2015年秋に21回目の会
議がパリで開催されたため，この会議を COP21 またはパリ会議と呼ぶ。COP21 で採択された
のがパリ協定という国際的な取り決めである。

イ　適切な記述。SDGs（Sustainable Development Goals）は，持続可能で多様性と包摂性（イ
ンクルージョン。いかなる属性も排除されないという意味）のある社会の実現のため，2030
年を年限とする17の国際目標のこと。持続可能な世界を実現するための17のゴール・169の
ターゲットから構成され，「地球上の誰一人として取り残さない」ことをスローガンにしてい
る。

ウ　UNESCO（United Nations Educational, Scientific and Cultural Organization）は，国際連
合教育科学文化機関のことである。教育，科学，文化，コミュニケーション等の分野におけ
る国際的な発展と振興を行う国際連合の下に置かれている。世界遺産の登録活動なども行っ
ている。

エ　WHO（World Health Organization）は，世界保健機関のこと。1948年にすべての人々の健
康を増進し保護するため互いに他の国々と協力する目的で設立された。

解答：イ

問3

BCP（Business Continuity Plan：事業継続計画）は，企業が，テロや災害，システム障害や不祥
事といった危機的状況下に置かれた場合でも，重要な業務が継続できる方策を用意し，生き延び
ることができるようにしておくための戦略を記述した計画書である。本問では前提が「本社建物
の全壊を想定」とあるので，それに備える対策が適切である。

ア　事業継続のための計画とはいえない。

イ　本社建物が全壊すると，本社から指示を出すことは困難になることが想定される。

ウ　適切な記述。本社機能が停止しても，その代替となる支社を想定することで業務継続が可能
になる。

エ　被災直後の業務継続の計画には当たらない。

解答：ウ

問4

ROE（Return on Equity：自己資本利益率）とは，自己資本（純資産）に対してどれだけの利益が生み出されたのかを示す，財務分析の指標。**当期純利益 ÷ 自己資本 × 100** で算出する。

解答：エ

問5

損益計算書は，ITパスポート試験の頻出テーマなので，計算方法と一緒に覚えておこう。

《損益計算書》

2020/04/01～2021/03/01

単位：百万円

売上高	200	
売上原価	100	
売上総利益	100	← 売上総利益＝売上高－売上原価
販売費及び一般管理費	60	
営業利益	40	← 営業利益＝売上総利益－販売費及び一般管理費
営業外収益	10	
営業外費用	9	
経常利益	41	← 経常利益＝営業利益＋営業外収益－営業外費用
特別利益	8	
特別損失	9	
税引前当期純利益	40	← 税引前当期純利益＝経常利益＋特別利益－特別損失
法人税，住民税および事業税	20	
当期未処分利益	20	← 当期未処分利益＝税引前当期純利益－法人税，住民税および事業税

ア　**営業利益**である。

イ　**売上総利益**である。**粗利益**（あらりえき）ともいう。

ウ　**税引前当期純利益**である。

エ　**当期未処分利益**である。

解答：ア

問6

システム監査の目的については，**システム監査基準**（平成30年改訂）の中に次の記述がある。
「システム監査は，情報システムにまつわるリスクに適切に対処しているかどうかを，独立かつ専門的な立場のシステム監査人が点検・評価・検証することを通じて，組織体の経営活動と業務活動の効果的かつ効率的な遂行，さらにはそれらの変革を支援し，組織体の目標達成に寄与すること，又は利害関係者に対する説明責任を果たすことを目的とする。」
以上のことからaには「独立かつ専門的な立場」が，bには「評価」が入る。

解答：エ

問7

ITガバナンスは，企業が競争優位性を構築するために，IT戦略の策定・実行をガイドし，あるべき方向へ導く組織能力であり，ITへの投資・効果・リスクを継続的に最適化するための組織的な仕組みである。
ア　適切な記述。
イ　**ITサービスマネジメント**に関する記述。
ウ　**システム監査**に関する記述。
エ　**情報セキュリティマネジメント**に関する記述。

解答：ア

問8

内部統制は，企業の事業目的や経営目標に対し，それを達成するために必要なルール，仕組みを整備し，適切に運用すること。財務報告に関わる内部統制は，財務報告の信頼性を確保する必要がある。財務報告に関わる全ての部門が関与することになるので，ウが適切。

解答：ウ

第 8 章
法規や制度

131 | 著作権法

著作の保護を目的とする法律。コンピュータプログラムは著作物となる

著作権とは，著作物とそれを創造した著作者を保護する権利である。著作物は，著作者の思想または感情が創作的に表現されたもので，論文や小説や音楽，絵画などのほかに，ソフトウェアやデータベースなども含まれる。なお，アイディアやノウハウなどは表現そのものではないため保護されない。

- 保護されるもの：表現としてのプログラム，データベース
- 保護されないもの：アイディア，ノウハウ，アルゴリズム，プログラム言語

特許権や実用新案権などの他の**知的財産権**と異なり，登録や認可は不要であり，自動発生する権利である。

個人が業務で作成したプログラムの著作権は，その個人が所属する法人に帰属する。ソフトウェアを請負契約で発注し，契約書に特段の定めがない場合，ソフトウェアの著作権は受注側に帰属する。バックアップ目的でのコピーは原則的に許されている。また私的利用の範囲でのコピーも認められている。

面白いからみんなに送ろう！

それ，著作権法違反ですから！

【問題】（令和元年秋期 問24改）

著作権法における著作権について，著作物は，創作性に加え新規性も兼ね備える必要がある。

....

解答　×　創作物であれば，新規性は要求されない。

132 | アクティベーション （activation）

ソフトウェアの機能が使えるようにユーザ登録を行うこと

アクティベーションは，広い意味では「機能を有効にすること」である。

この機能を持つソフトウェアでは，使用に先立ってアクティベーションを行う必要がある。一般的な方法は，インターネットを経由したアクティベーションで，ユーザのハードウェアとソフトウェアのシリアル番号をひも付けて認証する。すると，アクティベーションが実行されて，機能がフルに使えるようになる仕組みである。電話によるアクティベーションもある。

アクティベーションの最大の目的は，違法コピーの防止である。ハードウェア構成の違うパソコンに同じシリアル番号のソフトウェアをインストールしようとしても，アクティベーションはできない。

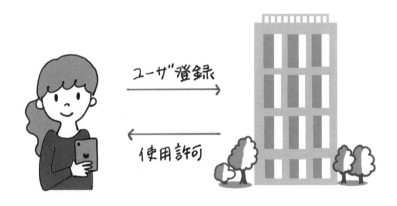

第8章 ── 法規や制度

【問題】（平成29年秋期 問89改）

アクティベーションとは，ソフトウェアの不正利用防止などを目的として，プロダクトIDや利用者のハードウェア情報を使って，ソフトウェアのライセンス認証を行うことを表す用語である。

解答 ○

133 | 不正競争防止法

営業秘密を保護する法律

不正競争防止法は，企業が競合他社や個人に対して，不正な手段による競争の差し止めや損害賠償請求をできるよう認めた法律である。

この法律では顧客情報や技術的なノウハウといった**営業秘密**を，窃盗などの手段により取得する行為を禁止している。ただし，営業秘密は以下の3つの要件全てを満たす必要がある。

1. 秘密管理性：秘密として管理されていること
2. 有用性：実際に利用されているかにかかわらず，有益な情報であること
3. 非公知性：公然に知られていないこと

また2018年に不正競争防止法が改正され，保護対象にデータ（電磁的記録に記録された情報）が追加された。これにより，次のような行為も規制対象となる。

- ゲームソフトのセーブデータを改造するツールやプログラムの譲渡等
- セーブデータの改造代行，ゲーム機器の改造代行を行うこと

【問題】（平成30年秋期 問32改）

会社がライセンス購入したソフトウェアパッケージを，不正に個人のPCにインストールする行為は不正競争防止法で規制されている。

....

解答　✕　不正競争防止法は，事業者間の公正な競争と国際約束の的確な実施を確保するため，不正競争の防止を目的として設けられた法律。問題文は「著作権法」（→131）で規制されている行為。

134 | 特定電子メール法

迷惑メールを規制し，違反者には罰則を科す法律

正式名称は「特定電子メールの送信の適正化等に関する法律」といい，短時間のうちに無差別かつ大量に送信される広告や宣伝メール，いわゆる**迷惑メール**を規制し，良好なインターネット環境を保つために2002年に施行された法律である。2008年に法改正が行われ，オプトイン方式の導入や罰則の強化も図られている。

特定電子メールを送るには，受信者の**事前承諾（オプトイン）**が必要になる。オプトインを取得した上で特定電子メールを送信する際には，次の項目の表示が義務づけられている。

- メール本文内に，送信者などの氏名又は名称及び住所
- メール本文内に，受信拒否（オプトアウト）ができる旨の表示とその連絡先（電子メールアドレスまたはURL）
- 苦情や問合せなどを受け付ける電話番号，メールアドレス又はURL等

【問題】（平成25年春期 問1改）

電子メールの送信拒否を連絡する宛先のメールアドレスなどを明示することは，特定電子メールの送信者の義務となっている。

解答　○

135 | 不正アクセス禁止法

コンピュータの不正アクセスを禁止する法律

　正式名称は「不正アクセス行為の禁止等に関する法律」といい，アクセス権限のないコンピュータネットワークに侵入したり，不正にパスワードを取得したりすることなどを禁止する法律である。2000年に施行され，2013年に改正されている。

　不正アクセス禁止法で禁止されている行為は以下の通りである。実際に被害がなくとも，処罰の対象となる。

- **不正アクセス行為**：他人のID，パスワード等を不正に利用する（なりすまし）行為や，セキュリティホール（プログラムの不備等）を攻撃する行為
- **不正アクセスを助長する行為**：他人のID，パスワード等を不正に取得・保管する行為や，無断で第三者に提供する行為
- **フィッシング行為**：ニセのサイトに誘導してID，パスワード等を入力させようとする行為（→052）

その他，ネット犯罪（サイバー犯罪）を取り締まる法律には次のようなものがある。

● 刑法

・第168条の2　不正指令電磁的記録に関する罪（通称：**ウイルス作成罪**）（→138）

・第246条の2　電子計算機使用詐欺罪

　　例えば，虚偽の金融機関を名乗ったサイトや電子メールを使い，訪問者から金銭をだまし取るような行為。法定刑は10年以下の懲役。

・第234条の2　電子計算機損壊等業務妨害罪

　　例えば，無断でコンピュータデータの改ざんや破壊を行なう行為。法定刑は5年以下の懲役，または100万円以下の罰金。

● 特定電子メール法（迷惑メール防止法）（→134）

● 電子契約法

　電子商取引などにおける消費者の救済措置を定めた法律。正式な法律名は「電子消費者契約及び電子承諾通知に関する民法の特例に関する法律」。

　インターネットでの商取引において，画面の操作ミスによる契約（発注，購入など）を無効にすることや，事業者側に意思確認のための措置を取らせること，契約成立のタイミングなどを規定している。例えば，ワンクリック詐欺のような不正行為を禁じている。

【問題】（平成31年春期 問29改）

スマートフォンからメールアドレスを不正に詐取するウイルスに感染させるWebサイトは，不正アクセス禁止法の規制対象に該当する。

　解答　✕　不正アクセス禁止法は，本人に許可なく他人のID・パスワードを使って認証が必要なページに接続する行為等の禁止を定めた法律。問題文の行為は「不正指令電磁的記録に関する罪（通称，ウイルス作成罪）」（→138）に該当する。

136 | 個人情報保護法

個人情報を取り扱う民間事業者の遵守すべき義務等を定める法律

　本人の意図しない個人情報の不正な流用や，個人情報を扱う事業者がずさんなデータ管理をしないように，事業者が守るべき義務を規定した法律である。**個人情報**とは特定の個人を識別できる情報で，氏名や住所はもちろん，顔写真や話者が識別できる通話記録の音声なども含む。

　この法律では，次の事項が定められている。

- ●利用目的を本人に明示した上で，本人の了解を得て情報を取得すること
- ●流出・盗難・紛失を防止すること
- ●本人が閲覧可能なこと
- ●本人の申し出により訂正を加えること
- ●同意なき目的外利用は本人の申し出により停止できること

　2020年6月，個人情報保護法改正案が国会で成立した。改正により，ビッグデータを利活用するためのルールとして，これまでの匿名加工情報のほか，仮名加工情報が新設される。

　匿名加工情報とは，特定の個人を識別することができないように個人情報を加工し，その個人情報を復元できないようにした情報である。また，**仮名加工情報**とは，他の情報と照合しない限り特定の個人を識別することができないようにした情報である。違いが分かりにくいが，絶対に元の個人情報が分からないのが匿名化，追加の情報や処理により元の個人情報に戻せるのが仮名化と考えていい。いずれも，一定のルールの下で個人情報の利活用を促進することを目的としている。

　一方で今回の改正により，Cookieの利用時に本人の同意が必要になる，自分の個人情報の消去を求める消去権が強化されるなど規制が強化・追加された面もある。

関連用語

個人情報取扱事業者

個人情報データベース等を事業の用に供している者のこと（ただし，国の機関，地方公共団体，独立行政法人，地方独立行政法人は除く）。平成27年の法改正以前は保有する個人情報の数が5,000件未満の事業者に関しては，対象外とされていたが，法改正により管理する個人情報の数にかかわらず個人情報取扱事業者に該当することとなった。

関連用語

要配慮個人情報

本人の人種，信条，社会的身分，病歴，犯罪の経歴，犯罪により害を被った事実その他本人に対する不当な差別，偏見その他の不利益が生じないようにその取扱いに特に配慮を要するものとして政令で定める記述等が含まれる個人情報をいう。

【問題】（平成29年春期 問1改）

受験者の個人情報を管理している国立大学法人は，個人情報保護法で定める個人情報取扱事業者に該当する。

解答 ✕ 個人情報保護法では，量の多寡にかかわらず，個人情報を含む情報を業務に使用している全ての組織は個人情報取扱事業者として扱われる。ただし，国の機関，地方公共団体，独立行政法人，地方独立行政法人については，この規定の対象外としている。国立大学法人は，独立行政法人に当たる。

137 | マイナンバー法

個人や法人を識別するために，個人番号（マイナンバー）や法人番号を割り当て，
行政事務の効率化や行政手続きの簡素化を図るために必要な事項を定めた法律

正式名称は「行政手続における特定の個人を識別するための番号の利用等に関する
法律」で，2013年に成立，2015年施行，2016年1月から制度運用が開始された。年
金や納税など異なる分野の個人情報を照合できるようにし，行政の効率化や公正な給
付と負担を実現し，手続きの簡素化による国民の負担軽減を図ることなどが目的であ
る。自治体は，申請者に対して，氏名や顔写真，**個人番号（マイナンバー）** などが記
載された個人番号カードを交付する。マイナンバーとは，日本に住民票を有するすべ
ての人（外国人を含む）が持つ12桁の番号である。番号の利用範囲は，社会保障と
税，災害対策の分野に制限されている。

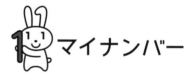
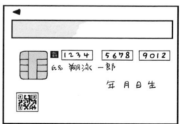

【問題】（平成30年春期 問8改）

マイナンバー法に照らして，従業員から提供を受けたマイナンバーを税務署
に提出する調書に記載することは，問題がない。

....

解答　○

第 8 章　法規や制度

138 | ウイルス作成罪

コンピュータウイルスの作成や提供，供用，取得，保管をしたりすることで成立する刑罰

　正式名称は刑法第168条の2および第168条の3「不正指令電磁的記録に関する罪」といい，同罪を新設した刑法改正案は2011年6月に成立，同年7月に施行となっている。

　正当な理由がないのに，無断で他人のコンピュータにおいて実行させる目的で，ウイルスを「作成」したり「提供」したりした場合，3年以下の懲役または50万円以下の罰金が課せられる。同様に，ウイルスを「取得」したり「保管」したりした場合には，2年以下の懲役または30万円以下の罰金が課せられる。

第
8
章

法規や制度

【問題】（平成31年春期 問24改）

会社がライセンス購入したソフトウェアパッケージを，無断で個人所有のPCにインストールする行為は，不正指令電磁的記録に関する罪に抵触する恐れがある。

....

　解答　×　不正指令電磁的記録に関する罪（ウイルス作成罪）ではなく，「著作権法」（→131）に違反する行為。

リサイクル法

資源，廃棄物などの分別回収・再資源化・再利用について定めた法律

　1991年施行時は「再生資源の利用の促進に関する法律」だったが，2001年の改正により「資源の有効な利用の促進に関する法律」と名称が変わっている。

　実際には対象の種類ごとに，いくつかの法律に分かれている。

- ●容器包装リサイクル法（容器包装に係る分別収集及び再商品化の促進等に関する法律）
- ●家電リサイクル法（特定家庭用機器再商品化法）
- ●小型家電リサイクル法（使用済小型電子機器等の再資源化の促進に関する法律）
- ●建設リサイクル法（建設工事に係る資材の再資源化等に関する法律）
- ●食品リサイクル法（食品循環資源の再生利用等の促進に関する法律）
- ●自動車リサイクル法（使用済自動車の再資源化等に関する法律）
- ●パソコンリサイクル法（資源の有効な利用の促進に関する法律）

　例えば，容器包装リサイクル法の省令改正により，2020年7月からプラスチック製買物袋の有料化が始まった。

マイバッグ

第 8 章　法規や制度

家庭用パソコン（ディスプレイを含む。スキャナやプリンタは対象外）については，**パソコンリサイクル法（資源有効利用活用法）**により，リサイクルの手順が決まっている。2003年10月以降に購入した家庭用パソコンは，リサイクル費用が含まれていて，**PCリサイクルマーク**が表示されている。この場合は各メーカホームページから申し込むことで，無料で回収してもらえる。それ以前のPCリサイクルマークのないパソコンは，回収再資源化料金が必要となる。

パソコンメーカによる回収のほか，2013年4月から**小型家電リサイクル法**に基づく小型家電の回収・リサイクルも開始され，一部の家電量販店や市区町村ではパソコンの回収も行われている。

いずれにしても，パソコンを廃棄する場合には，法律にのっとった手順が必要なことは言うまでもないが，その前にデータの消去を忘れてはいけない。ファイルを「ごみ箱」に捨てたり，ハードディスクを初期化すれば大丈夫と思いがちだが，それほど簡単ではない。これらの手段では，ハードディスク内に記録されたデータのファイル管理情報が変更されるだけで，実際はデータが残っている場合が多い。データ回復のための特殊なソフトウェアを利用すれば，これらのデータを読みとることが可能な場合がある。消去するためには，専用ソフトウェアあるいはサービスを利用するか，ハードディスク上のデータを物理的・磁気的に破壊して，読めなくすることが推奨されている。

【問題】（平成27年秋期 中問D改）

Aさんは，PCを買い替えたので，これまで使用していたPCを処分することにした。PCリサイクルマークが付いていなかったので，ハードディスクを初期化して，粗大ごみとして廃棄した。自治体の粗大ごみの処理ルールに従っていれば適法である。

………………………………………………………………………………………………

解答　×　PCリサイクルマークの付いたパソコンは，メーカが無償で回収する。PCリサイクルマークが付いていないパソコンは，回収再資源化料金が必要だが，メーカもしくは一部の家電量販店や市区町村が回収し，再利用される。

140 | 金融商品取引法

有価証券の発行や売買などの金融取引を公正なものとし，投資家の保護や経済の円滑化を図るために定められた法律

　金融市場の国際化への対応を目指し，2006年に従来の証券取引法が一部改正され，**金融商品取引法**として成立した。金融商品によってバラバラだった法体系を幅広く横断的にまとめ，規制のすき間に落ちる金融商品をなくそうとしたものである。

　金融商品を取り扱う業者はすべて「金融商品取引業」と位置づけられ，内閣総理大臣に申請，登録した業者でないと業務はできない。また，販売・勧誘の場面を中心に，業者の行為ルールが強化された。

- リスクや手数料などの表示を明確化し，大きな字で表示すること
- その人に合った商品を販売・勧誘すること
- 商品の仕組み，リスク，コストがわかるように記載した書面を交付すること

第8章　法規や制度

【問題】（平成28年春期 問21改）

　金融商品取引法とは，一定の条件に該当する会社に対して，取締役の職務に関するコンプライアンスを確保するための体制整備を義務付けている法令である。

....

　解答　×　金融商品取引法は，有価証券の発行及び金融商品等の取引等が公正に行われることを目的とした法律である。問題文は「会社法」に関する記述。

141 | 情報セキュリティ ガイドライン

情報セキュリティ対策として実施すべき具体的な対策事項をまとめたもの

　情報セキュリティに対するリスクマネジメントは重要な経営課題の1つになっている。特に，個人情報や顧客情報などの重要情報を取り扱う場合には，これを保護することは，企業や組織にとっての社会的責務でもある。一方で情報セキュリティを組織に定着させるためにはマネジメントシステムの活用が必要だが，どこから手をつければいいのかわからない，という企業も少なくない。そこで，具体的な対策等をまとめたものとして，各種団体から様々なガイドラインが示されている。

- ●「情報セキュリティ管理基準」経済産業省
- ●「情報セキュリティガバナンス導入ガイダンス」経済産業省
- ●「サイバーセキュリティ経営ガイドライン」経済産業省とIPA
- ●「中小企業の情報セキュリティ対策ガイドライン」IPA
- ●「組織における内部不正防止ガイドライン」IPAセキュリティセンター
- ●「ITセキュリティガイドライン」経済産業省・総務省（→015）

【問題】（令和元年秋期 問25改）

　サイバーセキュリティ経営ガイドラインは，経営戦略上，ITの利活用が不可欠な企業の経営者を対象として，サイバー攻撃から企業を守る観点で経営者が認識すべき原則や取り組むべき項目を記載している。

　解答　○

142 | ISOとJIS
アイエスオー　ジ　ス

ISOは国際標準化機構という非営利法人で，様々な国際規格を定めている。JISは日本産業規格

　ISO（International Organization for Standardization）は日本語名を国際標準化機構というスイス・ジュネーヴに本部を置く非営利法人である。様々な世界の標準（ISO規格）を定める団体であり，日本を含む世界162カ国が加盟している。

　ISOの主な目的はISO規格とも呼ばれる国際標準規格の策定であり，2万以上の規格を策定している。一般的に「ISOを取得する」といえば「ISOの規格の認証を得る」という意味になる。

　ISO規格の原文は英語，フランス語などで作成されるが，日本国内での使用を円滑にするために，技術的内容及び規格票の様式を変更することなく日本語に翻訳され，JISとして発行されている。JIS（Japanese Industrial Standards）は**日本産業規格**で，日本の産業製品に関する規格や測定法などが定められた日本の国家規格のことである。自動車や電化製品などの産業製品生産に関するものから，文字コードやプログラムコードといった情報処理，サービスに関する規格などもある。ISOの翻訳だけでなく，日本独自の規格も数多い。

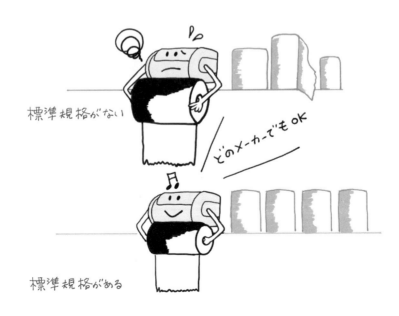

標準規格がない

どのメーカーでもOK

標準規格がある

ITパスポート試験で，過去に出題された規格は次のものがある。

ISO9000シリーズ／JIS Q 9001　　品質マネジメントシステム
ISO14000シリーズ／JIS Q 14001　環境マネジメントシステム
JIS Q 15001　　　　　　　　　　個人情報保護マネジメントシステム
ISO20000シリーズ／JIS Q 20001　ITサービスマネジメントシステム
ISO27000シリーズ／JIS Q 27001　情報セキュリティマネジメントシステム

ISOには製品そのものの規格もある。例えばISO/IEC 7810はカードのサイズに関する規格，ISO 7010は非常口のマークに関する規格である。

一方，品質マネジメントシステム（ISO 9001）や環境マネジメントシステム（ISO 14001）などの規格は，製品そのものではなく，組織の品質活動や環境活動を管理するための仕組み（マネジメントシステム）に関する規格となる。例えばISO9001の認証を受けているからといって，その企業や組織の製品品質を保証するわけではない。品質を管理する仕組みが整っていることを認定する制度と考えてよい。

第8章　法規や制度

【問題】（平成28年春期 問16改）
企業がISO 9001を導入することによって，情報資産の取扱方法が標準化され，情報セキュリティの品質が向上するメリットが期待できる。

解答　×　ISO 9001は，組織の品質マネジメントシステムの要求事項を定めた国際標準規格なので，品質管理に関する業務運営が標準化され，管理の質や効率が向上するメリットが期待される。問題文はISO 27001の導入メリットに関する記述。

問1 (令和2年10月 問12)

A社では，設計までをA社で行ったプログラムの開発を，請負契約に基づきB社に委託して行う形態と，B社から派遣契約に基づき派遣されたC氏が行う形態を比較検討している。開発されたプログラムの著作権の帰属に関する規定が会社間の契約で定められていないとき，著作権の帰属先はどれか。

ア　請負契約ではA社に帰属し，派遣契約ではA社に帰属する。

イ　請負契約ではA社に帰属し，派遣契約ではC氏に帰属する。

ウ　請負契約ではB社に帰属し，派遣契約ではA社に帰属する。

エ　請負契約ではB社に帰属し，派遣契約ではC氏に帰属する。

問2 (令和2年10月 問13)

情報の取扱いに関する不適切な行為a~cのうち，不正アクセス禁止法で定められている禁止行為に該当するものだけを全て挙げたものはどれか。

a　オフィス内で拾った手帳に記載されていた他人のIDとパスワードを無断で使い，ネットワークを介して自社のサーバにログインし，サーバに格納されていた人事評価情報を閲覧した。

b　自分には閲覧権限のない人事評価情報を盗み見するために，他人のネットワークIDとパスワードを無断で入手し，自分の手帳に記録した。

c　部門の保管庫に保管されていた人事評価情報が入ったUSBメモリを上司に無断で持ち出し，自分のPCに直接接続してその人事評価情報をコピーした。

ア　a　　イ　a, b　　ウ　a, b, c　　エ　b, c

問3 (令和2年10月 問25)

サイバーセキュリティ基本法は，サイバーセキュリティに関する施策に関し，基本理念を定め，国や地方公共団体の責務などを定めた法律である。記述a~dのうち，この法律が国の基本的施策として定めているものだけを全て挙げたものはどれか。

 a 国の行政機関等におけるサイバーセキュリティの確保
 b サイバーセキュリティ関連産業の振興及び国際競争力の強化
 c サイバーセキュリティ関連犯罪の取締り及び被害の拡大の防止
 d サイバーセキュリティに係る人材の確保

ア a イ a, b ウ a, b, c エ a, b, c, d

解説

問1

プログラムの**著作権**に関しては，特段の取り決めがなければ，そのプログラムを実際に作成した法人となる。したがって，請負契約の場合は受託した法人，派遣契約の場合は派遣先の法人となる。本問では請負契約の場合は受託したB社に，派遣契約では派遣先のA社に帰属する。

解答：ウ

問2

不正アクセス禁止法は，「他人のコンピュータに侵入すること」を処罰の対象とする法律である。「ID・パスワードの不正な使用」や「そのほかの攻撃手法」によってアクセス権限のないコンピュータ資源へのアクセスを行うことを犯罪として定義している。セキュリティホール（プログラムの不備等）を突いて不正に利用する行為も処罰の対象である。

a. 不正アクセス行為。
b. 不正アクセス行為。
c. 不正アクセスではないが，窃盗罪に該当する。
したがって，不正アクセス禁止法の禁止行為に該当するのはa. b.である。

解答：イ

問3

サイバーセキュリティ基本法は，サイバーセキュリティに関する施策を総合的かつ効率的に推進するため，基本理念を定め，国の責務等を明らかにし，サイバーセキュリティ戦略の策定その他当該施策の基本となる事項等を規定している。この中で基本的施策として次の事項が挙げられている。

- 国の行政機関等におけるサイバーセキュリティの確保（第13条）
- 重要インフラ事業者等におけるサイバーセキュリティの確保の促進（第14条）
- 民間事業者及び教育研究機関等の自発的な取組の促進（第15条）
- 多様な主体の連携等（第16条）
- 犯罪の取締り及び被害の拡大の防止（第17条）
- 我が国の安全に重大な影響を及ぼすおそれのある事象への対応（第18条）
- 産業の振興及び国際競争力の強化（第19条）
- 研究開発の推進等（第20条）
- 人材の確保等（第21条）
- 教育及び学習の振興，普及啓発等（第22条）
- 国際協力の推進等（第23条）

よって，a. b. c. d.のすべて含まれている。

解答：エ

第 9 章
システム開発と運用

143 | システムの ライフサイクル

一般的には，企画→要件定義→開発→運用・保守→廃棄というプロセスをたどる

　実際には，システムのライフサイクルをいくつかの段階に分解し，それにどういう名前を付けるかは，ITベンダ（提供者）によっても，プロジェクトによっても異なる。ITパスポート試験で，よく出題されるプロセスは次のようなものである。

- **企画プロセス**：経営目標を達成するためにどんなシステムをつくるべきかを明らかにし，システムの全体像・スケジュール・予算などをまとめる。家を建てる時に，最初に家族でどこに，どの程度の広さで，どのくらいの予算で，どんな家を建てるかを家族で決めるイメージ。

- **要件定義プロセス**：新しく構築するシステムの仕様（必要とする機能や性能など）をはっきりさせ，明文化する。設計士さんとよく話し合って，設計図を書くイメージ。

- **開発プロセス**：実際にシステムを構築する。プログラミングもこの一部分となる。大工や住宅メーカに家を建ててもらうイメージ。

- **運用・保守プロセス**：システムを稼働させ，業務に使用する（運用）。ニーズに応じて修正変更を行う（保守）。実際に住むイメージ。ライフサイクルの中では一番長いプロセスとなる。劣化を防ぐためにもメンテナンスが必要となる。

- **廃棄**：システムも家もいつかは寿命がきて廃止・廃棄される。そして次の企画プロセスへと移っていくことになる。

共通フレーム
(SLCP：Software
Life Cycle Process)

ソフトウェアの企画から開発，運用，保守，廃棄までのライフサイクル全体に対して，「誰が何の作業をすべきか」を規定した規格。システムの発注側（顧客）と受注側（ベンダ）で共通するシステム開発の枠組みとして策定された。

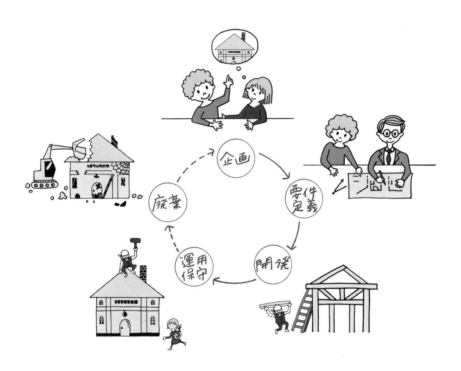

【問題】（令和元年秋期 問46改）

システム開発後にプログラムの修正や変更を行うことをシステム運用という。

解答　×　運用開始後のシステムに対して，変更や機能改善への対応，プログラムの欠陥（バグ）への対応，ビジネス環境の変化に応じたプログラムの修正作業などを実施するプロセスは「保守」である。「運用」は，システムを使用するプロセス。

144 | 請負と委任と派遣

いずれも IT 業界でよく使われる契約形態。請負は仕事の完成を約束する契約。準委任は一定の事務処理を遂行する契約。派遣は労働者を派遣する契約。

例えば IT 系ではない一般企業 A 社で自社のシステムが必要となった場合，システムを入手する方法はいくつかある。

- 自社で開発する：専門知識を有する人材がいなければ，かなり困難である。
- パッケージを購入する：よくとられる手段だが，自社独自のニーズに適合しないことも多い。
- IT ベンダ（提供者）に依頼する：これもよくとられる手段である。コストや納期などの問題はあるが，自社独自のシステム構築が可能である。

そして，依頼するにあたって，いくつかの契約形態がある。

- **請負契約**：注文者の発注に対し，請負人が仕事の完成を約束し，その結果に対して報酬を支払う契約形態。IT業界では，ソフトウェアの開発などによく用いられる。受託者には，業務の完成責任と瑕疵担保責任（エラーがあったら，それを修正する責任）がある。発注者による指揮命令はできない。
- **準委任契約**：仕事の完成を目的としない一定の事務処理を行うことを約束し，その遂行に対して報酬を支払う契約形態。IT業界では，要件定義や運用・保守契約などによく用いられる。業務を遂行する上で，通常考えられる注意を行っていれば，完了した仕事に対して責任を負わない。発注者による指揮命令はできない。ちなみに，名称が「準」となるのは，法律上，法律行為に関する業務の委託を「委任」といい，それ以外を「準委任」とするとされているためである。
- **派遣契約**：仕事を依頼する側の労働に従事させることを目的とし，労働者を派遣してもらう契約。派遣する側（派遣元）には，ライセンスが必要である。派遣される側（派遣先）が指揮命令をすることができる。派遣労働者や派遣元事業者に，完成責任も瑕疵担保責任もない。

【問題1】（平成31年春期 問32改）

ソフトウェアの開発において基本設計からシステムテストまでを一括で委託するため，請負契約を締結した。ソフトウェア開発委託費は開発規模によって変動するので，契約書では定めず，開発完了時に委託者と受託者双方で協議して取り決めなければならない。

....

　解答　✕　請負契約では，開発完了時ではなく，着手前に費用や納期について取り決める。

【問題2】（令和元年秋期 問1改）

労働者派遣法に基づき，A社がY氏をB社へ派遣することとなった。このときにA社とY氏との間には労働者派遣契約関係が成立する。

....

　解答　✕　A社（派遣元企業）とY氏の間には雇用関係が成立する。労働者派遣契約が成立するのはA社とB社の間。

システムを発注する企業が，システムベンダに対して提案を依頼する書類

RFP（提案依頼書）は，発注側企業のIT担当者や情報システム部門の担当者が，システムベンダに対してシステム構築・リプレイスを依頼する際に，自社システムに必要な要件や実現したい業務などを示して，提案を依頼する書類である。

一般的なRFPには，まずシステム導入の目的や背景，現状の課題の他にシステムの概要や要件，開発体制，開発手法，納品される成果物の構成，運用・保守の方法や内容，スケジュール，費用の見積もり，契約方法などを要求することが多い。

複数のベンダにRFPを提示し，各社からの提案書を比較検討することで，発注先の選定に当たる。

【問題】（平成27年春期 問16改）

RFPを作成する目的は，開発を委託する場合の概算委託額をベンダに提示することである。

解答 ✕ RFPを作成する目的は，ベンダに提案書の提示を求め，発注先を適切に選定することにある。

146 | 要件定義

システムやソフトウェアの開発において，実装すべき機能や満たすべき性能などを明確にしていく工程

要件定義は，システムの開発の初期に，新しいシステムの仕様（必要とする機能や性能など）をはっきりさせ，明文化するプロセスである。

要件定義プロセスの目的は次の2点である。

- 新たに構築する業務やシステムに必要とされる仕様，及びシステム化の範囲と機能を明確にする。
- 定義された要件をユーザとの間で合意する。

そして，要件には業務要件，機能要件，非機能要件という種類がある。

- **業務要件**：業務の手順や環境，制約事項など。
- **機能要件**：システムが「何を」するか。具体的には，扱うデータの種類や構造，処理内容，ユーザインタフェース，帳票などの出力の形式など。
- **非機能要件**：システムが「どのように」するか。具体的には，品質（信頼性や効率性），セキュリティ，移行や運用のやり方など。

【問題】（平成30年春期 問6改）

業務機能間のデータの流れやシステム監視のサイクルは非機能要件に該当する。

解答 × 非機能要件は，機能面以外で，性能や可用性，運用・保守性，セキュリティなどの要件をいう。「システム監視のサイクル」は非機能要件だが，「業務機能間のデータの流れ」は，システムで行う機能なので機能要件に該当する。

ウォータフォールと プロトタイピング

各段階を1つずつ順番に終わらせ，次の工程に進んでいく方式と，設計の早い段階に実際に稼働する試作品を作成し，ユーザに提示する方式

　どちらも代表的なシステム開発モデル。システム開発モデルとは，システムの開発工程を構造化し，計画・制御するための枠組みのことである。多くのモデルがあり，開発プロジェクトの種類や状況に応じて最適なモデルを選択することになる。

　ウォータフォールモデルは，ソフトウェア開発の工程ごとに成果物（完成した納品物，プログラム，仕様書・設計書などの文書類の総称）を完成し，次の工程に引き継ぐ方式である。工程から工程へ，水が流れ落ちるように作業が進み，後戻りすることがないのでウォータフォール（流れ落ちる水）モデルという。工程ごとに設計を完了し，設計書等のドキュメントを確実に作成し，次の工程に引き渡す。堅実で最も基本的かつ古典的なモデルである。ただし，後工程で誤りが発見されると前の工程からのやり直し（手戻り）が発生し，コストが増加することになる。

　プロトタイピングとは，**プロトタイプ**（試作品）をユーザに提示し，要求分析の誤りや利用者の潜在的なニーズの確認に使用する方式である。早期にユーザによる評価を可能とし，開発におけるリスク削減を目的としたモデルといえる。

第 9 章 — システム開発と運用

関連用語

スパイラルモデル
....

開発の初期段階でシステムを複数の独立性の高いサブシステムに分割し，そのサブシステムごとに設計からテストまでの一連のサイクルを繰り返しながらシステムを構築していく開発モデル。

関連用語

リバースエンジニアリング
....

既存ソフトウェアに対して，動作を解析するなどして製品の構造を分析し，そこから製造方法や動作原理，設計図，ソースコードなどの仕様を導き出す技術。

【問題1】（平成28年秋期 問46改）

プロトタイピングとは，システムの機能を分割し，利用者からのフィードバックに対応するように，分割した機能ごとに設計や開発を繰り返しながらシステムを徐々に完成させていくソフトウェア開発モデルである。

....

　解答 ×　プロトタイピングは，システム開発の早い段階で，目に見える形で要求を利用者が確認できるように試作品を作成するソフトウェア開発モデルのこと。問題文は「スパイラルモデル」に関する説明。

【問題2】（平成30年秋期 問39改）

自社開発して長年使用しているソフトウェアがあるが，ドキュメントが不十分で保守性が良くない。保守のためのドキュメントを作成するために，既存のソフトウェアのプログラムを解析した。この手法を「リバースエンジニアリング」という。

....

　解答 〇

148 | アジャイル開発

ソフトウェアを迅速に，状況の変化に柔軟に対応できるように開発する手法

　システム開発手法は，従来ウォータフォールモデル（→147）による開発が主流だった。しかしこの手法は時間がかかる。開発に数年がかりということも珍しくない。変化が激しいビジネス環境の中で，システム開発にもスピードを要求されるようになり，新たな手法としてアジャイル開発が登場した。アジャイル開発の特徴は，これまでの開発手法と比較して，開発期間が大幅に短縮されることにある。

　アジャイル（Agile）とは，直訳すると「素早い」「機敏な」という意味である。アジャイル開発では，大きな単位でシステムを区切ることなく，小単位で実装（プログラミング）とテストを繰り返して開発を進めていく。つまり一度ですべてを作ろうとせずに，当初は最低限の機能だけを持ったソフトウェアの完成を目指し，各工程を迅速に進める手法である。またアジャイル開発では，「包括的なドキュメントよりも動くソフトウェアを」という考え方があり，従来重要とされていたドキュメントの作成よりも，実際に稼働するソフトウェアを優先させている。

　どのような条件を満たせばアジャイルであると言えるのかという厳密な定義や要件が決まっているわけではないが，アジャイル開発の代表格が **X P**（eXtreme programming）（→149）と**スクラム**（→150）である。

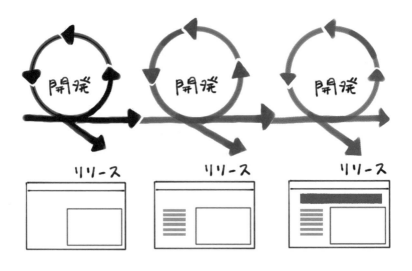

イテレーションと
スプリント

どちらも一連の工程を短期間で繰り返す開発サイクルのこと。1〜4週間のサイクルにすることが多い。XPでは**イテレーション**，スクラム開発では**スプリント**とよぶ。

関連用語

DevOps
デブオプス

開発（Development）と運用（Operations）を組み合わせた造語。開発担当者と運用担当者が連携して協力することにより，より柔軟かつスピーディーシステムを開発する手法。

【問題1】（令和元年秋期 問49改）

アジャイル開発では，ドキュメントの作成よりもソフトウェアの作成を優先し，変化する顧客の要望を素早く取り入れることができる。

....

解答 ○

【問題2】（平成31年春期 問47改）

アジャイル開発の特徴として，大規模なプロジェクトチームによる開発に適していることが挙げられる。

....

解答 ×　アジャイル開発で大規模開発をすることがないわけではないが，一般的には10人以下のチームに向くとされている。大規模な開発には**ウォータフォールモデル**が向いている。

149 | XP（エクストリーム プログラミング）

エックスピー

アジャイル開発における開発手法の１つ。軽量で柔軟な手法の先駆けとなった

　XP（eXtreme Programming：エクストリームプログラミング）とは，迅速で柔軟性の高いアジャイル開発手法（→148）の１つである。1999年にアメリカの著名なプログラマであるケント・ベック（Kent Beck）らが提唱した。

　XPではシステムの開発者が行うべき具体的な実践や守るべき原則を12（追加があり，最近では19とされることもある）のプラクティスとしてまとめている。ここではその中の代表的なものを挙げる。

- **ペアプログラミング**：１台の開発マシンを２人で共有して常に共同でソースコード（プログラミング言語で書かれた命令の集合。いわゆるプログラム）を書く。１人がコードを記述し，もう１人はそれを確認・補佐する。そして随時役割を交代する。記述しながら確認を行うことで細々とした問題をその場で解決できるメリットがある。
- **テスト駆動開発**：プログラムを作りこむよりも前に単体テストケースを作成する。求められる機能が洗い出され，シンプルな設計が実現する。

ペアプログラミング

役割りを交代

- **リファクタリング**：動作を変えることなくプログラムを書き直す。目的は，ソースコードを，分かりやすく読みやすくすることである。メンテナンス性の向上や不具合発生頻度の低下が期待できる。
- **短期リリース**：リリースとは，ソフトウェアを完成させ，販売したり運用に移行したりすること。動作するソフトウェアを，2〜3週間から2〜3ヶ月というできるだけ短い時間間隔でリリースする。
- **YAGNI**：「You Aren't Going to Need It」の略で「今必要なことだけをする」という意味。つまり，必要なプログラムコードのみを記述すること。開発時には，後に必要になる機能のことも考えて，あれこれと盛り込みたくなるが，それをしない。
- **共通の用語**：用語集を作成し，プロジェクト全員の使用する用語の不一致やミスコミュニケーションを防ぐ。
- **週40時間労働**：集中力を高め，開発効率を高めるためには心身の健康を保つ必要があるため残業を認めない。

【問題】（基本情報技術者 平成30年春期 午前問50改）

エクストリームプログラミングのプラクティスのうち，ペアプログラミングとは，プログラム開発において，相互に役割を交替し，チェックし合うことによって，コミュニケーションを円滑にし，プログラムの品質向上を図ることである。

解答 ○

150 | スクラム

チームワークを大事にするシステム開発

　そもそもは，チームで仕事を進めるための枠組み。**スプリント**という一定の期間ごとに動くソフトウェアを作ることを繰り返す。要求は**プロダクトバックログ**という優先順位付けされた一覧表に保管される。各スプリントにおいてその時点での優先順位の高いバックログ項目を基本に，開発チームがスプリント内で開発できる目標を設定する。

一週間で これを作るぞ. オー！

よしっ. ここまでは 完成したぞ！

【問題】（令和元年秋期 問40改）
スクラムとは，複雑で変化の激しい問題に対応するためのシステム開発のフレームワークであり，反復的かつ漸進的な手法として定義したものである。

....

解答　○

151 | プロジェクトスコープ

プロジェクトが提供することになる成果物や作業の総称

スコープを直訳すれば,「範囲」となる。プロジェクトスコープとは,その名の通りプロジェクトの範囲のことである。PMBOK では,スコープは成果物を生み出すための作業内容を定義する**プロジェクトスコープ（作業スコープ）**と,サービスやシステム,文書などの成果物を定義する**プロダクトスコープ（成果物スコープ）**の2つがあるとしている（「プロジェクトスコープ」という名称が重複するので,ややこしいが）。

プロジェクトの目的に基づいて,発注者側から出された「やりたいこと（要求）」から「やれること（要件）」を絞った成果物とタスクの実行範囲がスコープとなる。開発に着手する前に,発注者と受注者で共有しコンセンサスをとっておくことが重要となる。

関連用語

WBS ダブリュービーエス (Work Breakdown Structure)	プロジェクト全体を,成果物または作業項目単位に,階層的に分解した図。

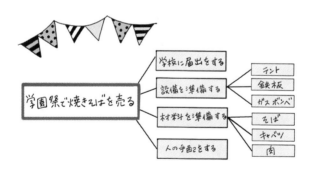

【問題】（平成31年春期 問42改）

プロジェクト管理におけるプロジェクトスコープとは,プロジェクトで実施する各作業の開始予定日と終了予定日である。

⋯⋯⋯⋯⋯⋯⋯⋯⋯⋯⋯⋯⋯⋯⋯⋯⋯⋯⋯⋯⋯⋯⋯⋯⋯⋯⋯⋯⋯⋯⋯⋯⋯⋯⋯⋯⋯

解答 × プロジェクトスコープは,そのプロジェクトの成果物及び成果物を作成するために必要な全ての作業をいう。問題文は,「プロジェクトスケジュール」に関する説明。

152 | システムのテスト

プログラム中の不具合（バグ）やシステムの欠陥を発見するための検証作業

　テストの目的は「プログラムがエラーなく動くことを確認すること」ではなく、「エラーを検出すること」にある。プログラムには必ずエラーがあるという前提で、それを見つける作業がテストである。ここでエラー（バグ）が発見された場合は、**デバッグ**（バグを取り除く作業）を行う。

　設計作業は大きなシステムを順に分割していき、最小単位であるモジュールに分割したところで、プログラミング（コーディング）により作成する。逆にテストは、小さい単位からテストを開始し、順にそれを結合したテストを行っていく。

1. **単体テスト**：モジュール単体で行うテスト
2. **結合テスト**：複数のモジュールの結合部分のテスト
3. **システムテスト**：サブシステム単位・システム単位でのテスト。何をテストするかによって、次のような種類がある。

   　機能テスト：システム仕様書の機能を満たしているか

   　性能テスト：要求される処理能力や応答時間を満たしているか

   　例外テスト：操作ミスや例外的なデータが入力されるなどしても正常に動作するか

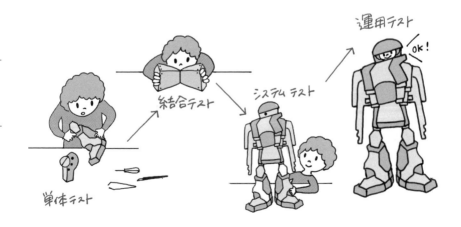

障害テスト：障害発生時の回復機能などが働いているか

負荷テスト：大量のデータ処理や長時間の稼動など大きな負荷をかけても正常に動作するか

操作性テスト：ユーザが使いやすいか

4. 運用テスト：実際の運用と同じ条件下で行うテスト。業務に用いる実データを用いて，問題なく動作するかどうかを試す。

5. 受入れテスト（承認テスト・検収テスト）：出来上がったシステムが仕様どおりに不具合無く動作するかどうかをユーザ側が検証するテスト

6. リグレッションテスト（回帰テスト・退行テスト）：保守作業の後に行われるテスト。保守において変更した箇所が他に影響しないかどうかをテストする。

関連用語

ブラックボックステスト	プログラムの外部仕様に基づいてテストケースの設計を行うテスト。プログラムをブラックスボックスとして内部構造に触れずに，入出力の仕様からテストデータを作成する。
ホワイトボックステスト	プログラムの内部ロジックに着目して，テストケースの設計を行うテスト。具体的なロジックに従い，命令の網羅率を考慮したテストケースを作成する。

【問題】（平成30年春期 問46改）

発注したソフトウェアが要求事項を満たしていることをユーザが自ら確認するテストをシステムテストという。

....

解答 ×　システムテストは，開発したシステムが要件を満しているか検証するために行われるテスト。問題文は「受入れテスト」に関する説明。

153 | PMBOK
ピンボック

プロジェクトマネジメントの標準的な知識や技法を集めた体系。世界標準となっている

プロジェクトとは「一定期間に」「特定の目的を達成するために」「臨時的に集まって行う」活動である。一方，通常業務は，継続的に行われ，開始と終了は明確になっていない。情報システムの開発は，要件定義から始まり，システムの導入で終わるという明確な開始と終了がある。そして，毎回，ユーザの要件に合わせた情報システムを作成する。したがって，システム開発はプロジェクトといっていい。

プロジェクトマネジメントとは，プロジェクトの要求事項を満たすために，知識，スキル，ツールと技法をプロジェクト活動に適用することである。行き当たりばったりではなく，計画を立て，実行し，終結させるための管理手法である。

PMBOK（プロジェクトマネジメント知識体系：Project Management Body of Knowledge）は，プロジェクトマネジメントの標準的な知識や技法を集めた体系である。過去に実績のあるプロジェクトマネジメントに必要かつ有効な手法，スキルなどを集約し，プロジェクトマネジメントにおける共通認識のための標準用語集として利用されることを目的としている。

PMBOKでは，マネジメントの対象領域を10に分類している。

1. 統合マネジメント：プロジェクトのさまざまな要素を調和のとれた形に統合する
2. スコープマネジメント：プロジェクトに必要とされるすべての作業を洗い出す
3. タイムマネジメント：プロジェクトを所定の時期に確実に完了させる
4. コストマネジメント：プロジェクトを承認された予算内で確実に完了させる
5. 品質マネジメント：プロジェクトの意図するニーズを，確実に満足させる
6. 人的資源マネジメント：プロジェクトに関与する人々を，最も効果的に活用する
7. コミュニケーションマネジメント：プロジェクト情報の生成，収集，配布，保管，廃棄をタイムリーかつ確実に行う
8. リスクマネジメント：プロジェクトのリスクを識別し，分析し，リスクに対応する
9. 調達マネジメント：組織の外部から物品やサービスを取得する
10. ステークホルダマネジメント：利害関係者間の調整を行う

【問題1】（令和元年秋期 問41改）

プロジェクトマネジメントの進め方として，目標を達成するための計画を作成し，実行中は品質，進捗，コストなどをコントロールし，目標の達成に導くことが必要である。

....

解答　○

【問題2】（平成27年春期 問41改）

PMBOKとは，組織全体のプロジェクトマネジメントの能力と品質を向上し，個々のプロジェクトを支援することを目的に設置される専門部署である。

....

解答　×　PMBOKはプロジェクトマネジメントの知識を体系化したもの。問題文は「プロジェクトマネジメントオフィス」の説明。

154 | アローダイアグラム

作業の先行後続関係を表した工程管理のための図

　アローダイアグラムは，PERT（Program Evaluation and Review Technique）図とも呼ばれ，プロジェクトタイムマネジメントにおいて，スケジュールの作成とスケジュールの管理を行うための図の1つである。各工程を「前の工程が終わらないと次の工程が始められない」という依存関係に従って矢印で繋いでいき，それぞれの工程には所要時間を記入していく。

　出来上がったネットワーク図にはプロジェクト開始から終了まで通常いくつかの経路が現れる。経路をたどって各工程の所要時間を足し合わせていくとその経路の所要時間が求められ，その中で最大のものがプロジェクト全体の工期の見積もりとなる。

　下図のアローダイアグラムには，開始から完了に至る以下の3つの工程の流れがある。

A（2日）→ D（4日）＝6日
B（4日）→ E（3日）＝7日
C（7日）→ F（1日）＝8日

　このうち，所要日数が最も長い「C→F」がクリティカルパス，8日がプロジェクトの最短所要日数となる。

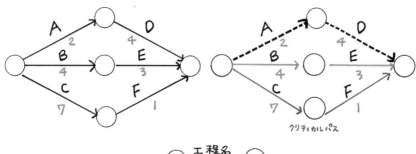

【問題1】（令和元年秋期 問42改）

アローダイアグラムは, 業務のデータの流れを表した図である。

　解答　×　アローダイアグラムは, 作業の関連をネットワークで表した図。業務のデータ
の流れを表すには「DFD（Data Flow Diagram）」を使う。

【問題2】（平成30年春期 問43改）

システム開発を示した図のアローダイアグラムにおいて, 工程AとDが合わ
せて3日遅れると, 全体では3日遅れる。

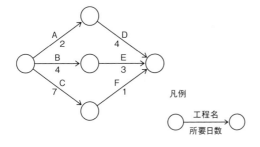

凡例

工程名
所要日数

　解答　×　現在のクリティカルパスはC→Fで8日。工程AとDが合わせて3日遅れると,
クリティカルパスがA→Dに変わり, 9日となる。したがって, 遅れは1日。

155 | システムの保守

正常な状態を維持できるように手入れすること。点検，修理，整備などの作業が含まれる

システム保守は，障害への対応，性能の改善などを行うために，納入後のシステムやソフトウェアを修正したり，変更された環境に適合させたりするプロセスである。

保守する対象が何かによって，次の2種類に分類される。

- **ハードウェア保守**：機器の故障や寿命による交換や，組織の改廃による設備の移設など，装置や設備の変更や改修を実施する。
- **ソフトウェア保守**：運用開始後のソフトウェアに対して変更や機能改善への対応，プログラムの欠陥（バグ）への対応，ビジネス環境の変化に応じたプログラムの修正作業などを実施する。

また，保守の時期や目的による次の分類もある。

- **予防保守**：定期的にシステムのメンテナンスを行うことで，障害発生を未然に防ぐために行う。
- **事後保守**：障害が発生した際に，それを取り除くために行う。
- **定期保守**：計画的，定期的に行う。

関連用語

システム移行 — これまで稼働を続けてきた現行システムが改善の必要が出てきた際にソフトウェアやハードウェアの一部またはその全てを含めて新システムへと移行させること。綿密な移行計画を作成し，十分な準備のもとに行う必要がある。多くの場合，旧システムと新システムを併行稼働させた後に，本格的に新システムに移行する。

【問題1】（平成31年春期 問54改）
システムテストで検出されたバグの修正は，ソフトウェア保守である。

....

　解答　×　ソフトウェア保守は，運用開始後のシステムやソフトウェアに対する変更作業。テスト段階での修正は，保守には含まれない。

【問題2】（平成29年秋期 問39改）
本番稼働中のシステムに対して，法律改正に適合させるためにプログラムを修正するのは，ソフトウェア保守といえる。

....

　解答　○

156 | ITIL（Information Technology Infrastructure Library）

アイティル

ITサービスマネジメントのベストプラクティスを体系化したフレームワーク

　顧客のビジネスを支援するために，IT部門（情報システム部門など）やIT組織（システムインテグレータやベンダ企業など）によって提供されるサービスのことを**ITサービス**という。その品質を維持・改善するための活動が**ITサービスマネジメント**である。システムのライフサイクルでいえば，「運用・保守」に相当するフェーズである（→143）。

　ITILは，ITサービスマネジメントにおける**ベストプラクティス**（実践され良いと認められたやり方）を体系的にまとめた書籍群である。テクノロジーの急速な進化とともにバージョンアップを重ねてきたITILだが，2019年2月にITIL4にバージョンアップした。ただし，大枠においては，ITIL3と同じ構成を取っている。ここでは，ITIL3の中で，ITサービスの日常運用を実施するいくつかのプロセスを解説する。

1. インシデント管理

インシデントとは，システムにおける障害や事故，ハプニングのことである。インシデント管理の目的は迅速な復旧であり，そのための対応を規定するとともに，記録・分類・管理し閲覧できるようにしておく。

2. 問題管理

インシデントの根本原因を識別し，分析する。その上で問題を解決するための対策を検討する。

3. 変更管理

変更要求の影響度を調査し，変更の可否を判断する。

4. リリース管理

変更管理で決定した変更作業を安全で確実に実行し，リリースする（リリースとは，変更を本番環境に移行すること）。

【問題1】（平成29年春期 問35改）

ITIL は，IT に関する品質管理マネジメントのフレームワークである。

....

解答 × ITIL は，IT サービスマネジメントのフレームワークである。

【問題2】（平成30年秋期 問49改）

インシデント管理の目的は，IT サービスに関する変更要求に基づいて発生する一連の作業を管理することである。

....

解答 × インシデント管理の目的は，IT サービスを阻害する要因が発生したときに，IT サービスを一刻も早く復旧させて，ビジネスへの影響をできるだけ小さくすることである。問題文は，「変更管理」の目的。

157 | SLA (Service Level Agreement)

エスエルエー

サービスを提供する事業者が契約者に対し，サービスを保証する契約

SLA（サービスレベル合意書）は，提供するITサービスの品質と範囲を明文化したものである。提供者と利用者の合意に基づいて交わされる合意書といえる。ITサービスの定義，内容，役割／責任分担，サービスレベル目標，目標未達時の対応などを決定して盛り込むことが多い。規定される項目は原則として客観的に決定でき，定量的に計測可能なもので，上限や下限，平均などを数値で表し，測定方法なども定義しておく。例えば，混雑時の通信速度や処理性能の最低限度，障害やメンテナンス等による利用不能時間の年間上限などを定める。

【問題】（平成30年春期 問38改）

オンラインモールを運営するITサービス提供者が，ショップのオーナとSLAで合意する内容として，「オンラインサービスの計画停止を休日夜間に行う」は適切である。

………………………………………………………………

解答 ○

158 | サービスデスク

ユーザからの様々な問い合わせを受付け，その記録や対応を一元管理する「単一の窓口」

サービスデスクはシステムや製品の使用方法，トラブルの対処方法，修理の依頼，クレームへの対応といったさまざまな事象を一括して受付ける。ユーザは，どこに連絡すればよいかを考える必要がなく，また「たらい回し」されることもない。サービスデスクに問い合わせをすれば，すべてのITに関するインシデントの回答や回避策が得られるインタフェースということになる。サービスデスクで回答や解決が難しい場合には，上司や別の部署に**エスカレーション**を行うが，あくまでもユーザに対しては単一の窓口として機能する。

関連用語

エスカレーション　業務上の上位者や専門部署に判断や指示を仰いだり，対応を要請したりすること。

【問題】（平成29年春期 問52改）

サービスデスクの主な業務は，インシデントの根本原因を排除し，インシデントの再発防止を行うことである。

....

　解答　✕　サービスデスクは，ユーザに対して「単一の窓口」を提供して様々な問い合わせを受付け，その記録を一元管理する。問題文は問題管理プロセスの主な業務に関する説明。

159 | ファシリティ マネジメント

組織が所有・管理する全施設資産とそれらの利用環境を，経営的視点に立って計画・整備・運営・管理して，最適化を図る管理手法

ファシリティとは，一般的な英単語で「施設」や「設備」といった意味である。ファシリティマネジメントは経営の視点から，建物や設備などの保有，運用，維持などを最適化する活動である。例えば，情報システムを稼働させているデータセンタなどの施設を管理する，免震装置や適切な防火設備を設置し災害に備えるといった活動となる。

関連用語

無停電電源装置
(UPS：Uninterruptible Power Supply)

コンピュータに対して停電時に電力を一時的に供給したり，瞬間的な電圧低下の影響を防いだりするために利用するバッテリー装置。自家発電装置とは異なり，長時間は電力供給できないが，その時間内にシャットダウンやバックアップなどの作業を行う。

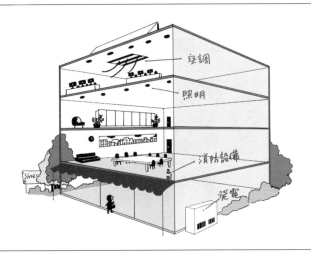

【問題】（平成29年春期 問36改）

情報システムに関するファシリティマネジメントの目的は，情報処理関連の設備や環境の総合的な維持である。

....

解答　○

問1（令和2年10月 問1）

情報システムの調達の際に作成される文書に関して，次の記述中のa，bに入れる字句の適切な組合せはどれか。

調達する情報システムの概要や提案依頼事項，調達条件などを明示して提案書の提出を依頼する文書は ___a___ である。また，システム化の目的や業務概要などを示すことによって，関連する情報の提供を依頼する文書は ___b___ である。

	a	b
ア	RFI	RFP
イ	RFI	SLA
ウ	RFP	RFI
エ	RFP	SLA

問2（令和2年10月 問37）

開発対象のソフトウェアを，比較的短い期間で開発できる小さな機能の単位に分割しておき，各機能の開発が終了するたびにそれをリリースすることを繰り返すことでソフトウェアを完成させる。一つの機能の開発終了時に，次の開発対象とする機能の優先順位や内容を見直すことで，ビジネス環境の変化や利用者からの要望に対して，迅速に対応できることに主眼を置く開発方法はどれか。

ア　アジャイル　　　　　イ　ウォータフォール
ウ　構造化　　　　　　　エ　リバースエンジニアリング

問3（令和2年10月 問38）

サービス提供者と顧客双方の観点から，提供されるITサービスの品質の継続的な測定と改善に焦点を当てているベストプラクティスをまとめたものはどれか。

ア　ITIL　　　　　　　イ　共通フレーム
ウ　システム管理基準　　エ　内部統制

問4（令和2年10月 問39）

A社のIT部門では，ヘルプデスクの可用性の向上を図るために，対応時間を24時間に拡大することを検討している。ヘルプデスク業務をA社から受託しているB社は，これを実現するためにチャットボットをB社が導入し，活用することによって，深夜時間帯は自動応答で対応する旨を提案したところ，A社は24時間対応が可能であるのでこれに合意した。合意に用いる文書として，適切なものはどれか。

  ア BCP イ NDA ウ RFP エ SLA

問5（令和2年10月 問40）

プロジェクトマネジメントの活動には，プロジェクト総合マネジメント，プロジェクトスコープマネジメント，プロジェクトスケジュールマネジメント，プロジェクトコストマネジメントなどがある。プロジェクト統合マネジメントの活動には，資源配分を決め，競合する目標や代替案間のトレードオフを調整することが含まれる。システム開発プロジェクトにおいて，当初の計画にない機能の追加を行う場合のプロジェクト統合マネジメントの活動として，適切なものはどれか。

  ア 機能追加にかかる費用を見積もり，必要な予算を確保する。
  イ 機能追加に対応するために，納期を変更するか要員を追加するかを検討する。
  ウ 機能追加のために必要な作業や成果物を明確にし，WBSを更新する。
  エ 機能追加のための所要期間を見積もり，スケジュールを変更する。

問6（令和2年10月 問44）

次の作業はシステム開発プロセスのどの段階で実施されるか。

実務に精通している利用者に参画してもらい，開発するシステムの具体的な利用方法について分析を行う。

  ア システム要件定義 イ システム設計
  ウ テスト   エ プログラミング

問7 (令和2年10月 問46)

開発担当者と運用担当者がお互いに協調し合い,バージョン管理や本番移行に関する自動化の
ツールなどを積極的に取り入れることによって,仕様変更要求などに対して迅速かつ柔軟に対応
できるようにする取組を表す用語として,最も適切なものはどれか。

ア DevOps　　　　　イ WBS
ウ プロトタイピング　エ ペアプログラミング

問8 (令和2年10月 問55)

図の工程の最短所要日数及び最長所要日数は何日か。

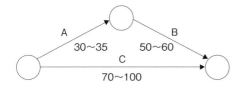

凡例
作業名
所要日数
(最短〜最長)

	最短所要日数	最長所要日数
ア	70	95
イ	70	100
ウ	80	95
エ	80	100

解 説

問1

解答群の文書は以下のものである。

● RFI:(Request for Information:情報依頼書)
　システムベンダに対して,会社の基本情報,技術情報,製品情報などの提示を求める依頼書

● RFP:(Request for Proposal:提案依頼書)
　システムを発注する企業が,システムベンダに対して提案を依頼する書類

● SLA：(Service Level Agreement：サービスレベル合意書)

サービスを提供する事業者が契約者に対し，サービスを保証する契約

aは提案を依頼する文書なのでRFP，bは情報の提供を依頼する文書なのでRFIとなる。

解答：ウ

問2

ア　適切な選択肢。**アジャイル**とは「俊敏な」「すばやい」という意味の英単語で，要求仕様の変更などに対して，機敏かつ柔軟に対応するためのソフトウェア開発手法である。アジャイルでは，仕様や設計の変更があることを前提に開発を進めていき，反復（イテレーション）と呼ばれる短い開発期間単位を採用することで，リスクを最小化しようとしている。

イ　**ウォータフォール**は，システムの開発をいくつかの工程に分けて，順に段階を経て行う開発モデルである。前の工程には戻らない前提であることから，下流から上流へは戻らない水の流れにたとえてウォータフォールと呼ばれている。

ウ　**構造化**は，プログラムを機能ごとに分解し，断層的な構造にして開発する手法である。分割することで，動作検証や修正，保守などが容易になる。

エ　**リバースエンジニアリング**は，ソフトウェア・ハードウェア製品の構造を分析し，製造方法や構成部品，動作やソースコードなどの技術情報を調査し明らかにすること。

解答：ア

問3

ア　適切な選択。**ITIL**（Information Technology Infrastructure Library）は，ITサービスマネジメント分野におけるベストプラクティス（成功事例）を包括的にまとめた書籍である。ITサービス管理の考え方を整理した業界標準となっている。

イ　**共通フレーム**は，ソフトウェア開発とその取引の適正化に向けて，それらのベースになる個々の作業項目を定義し標準化した規格である。

ウ　**システム管理基準**は，経済産業省が策定した基準で，情報戦略を立案し，効果的な情報システム投資とリスクを低減するためのコントロールを適切に整備・運用するための事項をとりまとめたものである。システム監査における判断の尺度として用いられる。

エ　**内部統制**は，組織が健全に機能するための基準や手続きを定めて，その管理・運営をすること。基本的には企業トップの責任で，企業内で行われる。

解答：ア

問4

ア BCP（Business Continuity Plan：事業継続計画）は，企業が，テロや災害，システム障害や不祥事といった危機的状況下に置かれた場合でも，重要な業務が継続できる方策を用意し，生き延びることができるようにしておくための戦略を記述した計画書である。

イ NDA（Non-Disclosure Agreement：秘密保持契約）は，取引を行ううえで知った相手方の営業秘密や顧客の個人情報などを取引の目的以外に利用したり，他人に開示・漏えいしたりすることを禁止する契約のことである。

ウ RFP（Request for Proposal：提案依頼書）は，システムを発注する企業が，システムベンダに対して提案を依頼する書類である。

エ 適切な選択肢。SLA（Service Level Agreement：サービスレベル合意書）は，サービスを提供する事業者が契約者に対し，サービスを保証する契約である。本問では，A社がサービスの利用者，B社がサービスの提供者である。24時間対応を保証するSLAを交わすことになる。

解答：エ

問5

ア プロジェクトコストマネジメントの活動。

イ 適切な記述。プロジェクト全体を見渡して，最適化を図るのがプロジェクト統合マネジメントの活動である。納期はスケジュールに，要員の追加はコストや人的資源に関わってくるので，その調整をするのはプロジェクト統合マネジメントに当たる。

ウ プロジェクトスコープマネジメントの活動。

エ プロジェクトスケジュールマネジメントの活動。

解答：イ

問6

利用者に参画してもらい，具体的な利用法について分析する段階はシステム要件定義である。システム要件定義では，システムにどのような機能・性能が求められるかを明らかにする。選択肢の中では最初に実施される作業であり，実際に利用することになる利用者側のニーズを開発者側と共有する段階である。この後に，システム設計，プログラミング，テストの順に進む。

解答：ア

問7

ア　適切な選択肢。DevOpsは「開発（Development）と運用（Operations）」を組み合わせた造語で，開発担当者と運用担当者が連携して協力することにより，より柔軟かつスピーディーにシステムを開発する手法である。

イ　WBS（Work Breakdown Structure）は，プロジェクト全体を，成果物または作業項目単位に，階層的に分解した図である。

ウ　プロトタイピングは設計の早い段階に実際に稼働する試作品を作成し，ユーザに提示するシステム開発のモデルである。

エ　ペアプログラミングは，ペアプログラミングは，1台のPCを2人で利用してプログラミングする手法。「ドライバ」「ナビゲータ」という役割をもち，それを交替してチェックし合うことによって，コミュニケーションを円滑にし，プログラムの品質向上を図る狙いがある。

解答：ア

問8

それぞれの経路の最短所要日数は次の図のようになる。

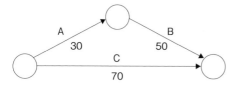

この時，クリティカルパスはA→Bで，最短所要日数は80となる。Cの方が先に終わってもA→Bが終わらなければ工程がすべて終了しないからである。

各経路の最長所要日数は次の図のとおり。

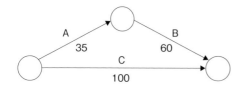

この時，クリティカルパスはCで，最長所要日数は100である。

解答：エ

付　録

データの活用

001 平均値と中央値と最頻値

いずれもデータの代表値。

平均値は，すべての数値を足して，数値の個数で割ったものである。平均値には，極端な数値があった場合，それも考慮してしまうというデメリットがある。例えば，年収200万円の社員が9人いる会社に，年収8200万円の社員が1人加われば，平均年収は1000万円になる。この平均年収を代表値とすることは，誤解を生むだろう。

中央値（メジアン）はデータを昇順（小さい順）または降順（大きい順）に並べたときの，真ん中の値である。これは異常値や極端な数値を排除できる。一方でデータ全体の変化や比較には向かないことがある。例えば，あるテストの結果が，30点，70点，80点だったとする。次のテストでは，60点，70点，100点になったとしても中央値はどちらも70点である。

最頻値（モード）は，データの数が最も多い値である。これも異常値や極端な数値を排除できる。一方でデータの数が少なかったり，バラバラで極端に言えばどの値も1つずつしかなかったりすれば，役に立たない。

例えば，総務省統計局「家計調査報告」（2019年）によれば，2人以上の世帯における平均貯蓄額は1,755万円，貯金保有世帯の中央値は1,033万円，貯金0の世帯を含めた中央値は967万円である（グラフ参照）。

それぞれの代表値の特徴を把握したうえで，今行おうとしている分析に適しているかどうかを判断する必要がある。

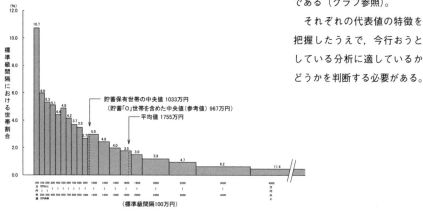

（二人以上の世帯のうち勤労者世帯）

【問題】（オリジナル）

次のデータ群のメジアンは45である。

〔データ群〕10, 11, 21, 45, 45, 45, 48, 55, 65, 68, 74, 78, 87

....

解答 ✕　メジアン（中央値）は昇順または降順に並べた時の真ん中の値なので，48。

002 分散と標準偏差

どちらもデータの散らばり具合を表す値である。

分散は，データのばらつき具合を示す。「平均値と各データの差の2乗を全て足した値」の平均値で求める。

n個のデータを$x_i \{i = 1, 2, \cdots, n\}$，その平均値を$\bar{x}$（エックスバー）とすると，分散$V$は下の式から求められる。

$$V = \frac{1}{n} \sum_{i=1}^{n} (x_i - \bar{x})^2$$

例えば，次の2つのデータ群はどちらも平均は5である。

A = {2, 4, 6, 6, 7}

B = {1, 3, 5, 8, 8}

Aの分散は

$$V_{\mathrm{A}} = \frac{(2-5)^2 + (4-5)^2 + (6-5)^2 + (6-5)^2 + (7-5)^2}{5} = 3.2$$

Bの分散は

$$V_{\mathrm{B}} = \frac{(1-5)^2 + (3-5)^2 + (5-5)^2 + (8-5)^2 + (8-5)^2}{5} = 7.6$$

これによりBの方が散らばり方が大きいことが分かる。

平均値に近い値が多いと分散は小さくなり，平均から離れた値が多いと分散は大きくなる。

分散は2乗した値の平均なので，それを平方根にした値を**標準偏差**という。

$$標準偏差 = \sqrt{分散}$$

先ほどのAの標準偏差は1.79，Bの標準偏差は2.76（どちらも小数点以下第3位を四捨五入）となる。

例えば，次のグラフはすべて平均が50になるが，分散は異なる。①＜②＜③の順に分散が大きくなっている。

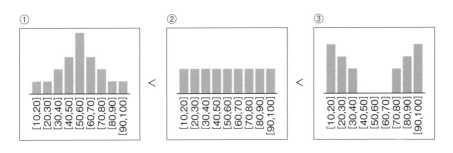

【問題】（平成21年春期 問80改）

横軸を点数 (0〜10点) とし，縦軸を人数とする度数分布のグラフが，次の黒い棒グラフになった場合と，グレーの棒グラフになった場合を考える。分散はグレーの棒グラフが，黒の棒グラフより大きい。

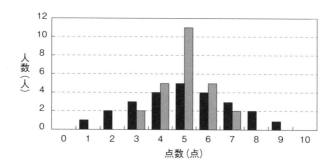

解答　×　グレーの棒グラフより，黒の棒グラフのほうが点数のばらつきが大きいので，分散はグレーの棒グラフが，黒の棒グラフより小さい。

003 正規分布と偏差値

　正規分布は，平均付近が一番高く，平均から離れるにつれて緩やかに低くなっていく，左右対称な釣り鐘型の分布である。例えば，大規模な模試の点数分布や複数個のサイコロを何回も投げたときの出目の合計の分布など，世の中の社会現象や自然現象の中には，その確率変数が正規分布に従うとみなせるものが数多く存在する。

正規分布曲線

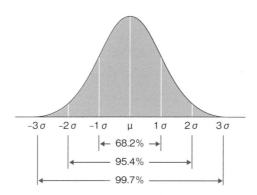

正規分布は次の性質がある。

● 平均±1×標準偏差の範囲に全体の約68.2%が含まれる

● 平均±2×標準偏差の範囲に全体の約95.4%が含まれる

● 平均±3×標準偏差の範囲に全体の約99.7%が含まれる

平均を μ（ミュー），標準偏差を σ（シグマ）で示すと次のようになる。

　このことから，平均と標準偏差によって，グラフの形が決まる。

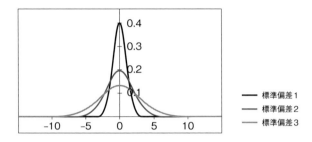

偏差値は，元のデータを平均が50，標準偏差が10となるように変換した値である。xを元のデータ，$\bar{x}$を平均値，sを標準偏差とすると，次の式で求められる。

$$\frac{x - \bar{x}}{s} \times 10 + 50$$

平均点50点の試験で70点取っても，全体の中でどの程度の位置にいるかは分からない。しかし，偏差値70であれば，上位2.1%の中に入っていることが分かる。ただし，成績の分布が正規分布である場合，という限定である。

【問題】（基本情報技術者試験　令和元年秋期 午前問5改）

次のグラフは，平均が60，標準偏差が10の正規分布を表している。

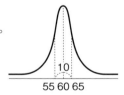

解答　×　問題のグラフは，平均が60，標準偏差が5の正規分布を表している。平均が60，標準偏差が10の正規分布のグラフは次のようになる。

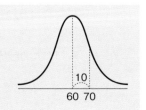

004 グラフの色々

データは数値のままでは直感的に理解しにくい。グラフにすることで分かりやすくなる。目的に合わせたグラフを書くことが求められる。

● **棒グラフ**：棒の高さで，量の大小を比較する。

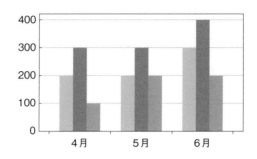

● **折れ線グラフ**：時系列での変化をみる。

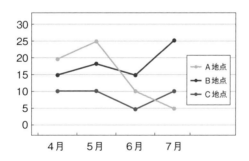

● **散布図**：2種類のデータの相関をみる。

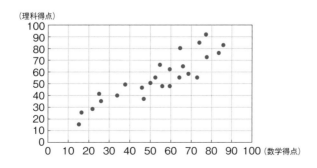

● **レーダーチャート**：複数の項目のバランスをみる。

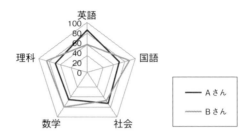

● **ヒストグラム**：データの分布をみる。

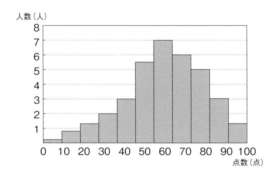

● **箱ひげ図**：データの散らばり具合をみる

　データを小さい順に並び替えたときに，データの数で4等分した時の区切り値を<u>四分位数</u>（しぶんいすう）とい
う。4等分すると3つの区切りの値が得られ，小さいほうから「25パーセンタイル（第一四分位
数)」，「50パーセンタイル（第二四分位数，中央値)」，「75パーセンタイル（第三四分位数)」と
よぶ。箱ひげ図とは，図のように「最大値・最小値・四分位数」の情報を表現したグラフである。

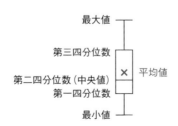

● 2軸グラフ：二つの値を一度に見る

　1つのグラフ図の中に，棒グラフや折れ線グラフなど混合させたものを複合グラフという。その際，左側の軸と右側の軸の両軸の単位を変えた2軸グラフにすると見やすいグラフが書ける。

【問題】（平成25年秋期 問15改）

クラスの学生の8科目の成績をそれぞれ5段階で評価した。クラスの平均点と学生の成績の比較や，科目間の成績のバランスを評価するためのグラフとしては，レーダーチャートが適している。

・・

解答　○

005 母集団と標本

　統計の対象とする人や物の集まりを母集団という。全数調査を行うことができれば知りたい情報はズバリわかるが，それは難しいことが多い。通常は母集団を代表すると考えられる一部分を抽出して調査を行う。この取り出された一部分を標本（サンプル）という。

　例えば視聴率調査の対象となる関東地区の世帯数は全部で1600万世帯ある。これが母集団である。しかし，1600万世帯全部を調査するには莫大な費用と手間がかかる。そこで，限られた数の世帯数だけに視聴率調査を行う。選んだ世帯が標本である。標本から母集団の特性を推測するのが，標本調査である。実際に視聴率調査会社（ビデオリサーチ社）が，実際に調査している標本数は600世帯である。1600万世帯の母集団に対して600世帯はずいぶん少なく感じられるが，理論的に600世帯調べることで，最大誤差4%の精度が得られることが分かっている。

　一方，国勢調査は全数調査である。

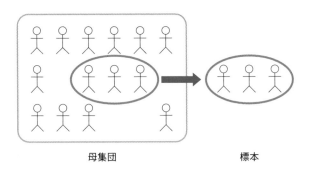

母集団　　　　　　　　　　　標本

【問題】（平成25年秋期 問46改）

システム開発プロジェクトにおいて，類似している他のプロジェクトの実績を基準として，単体テストの不具合発生率を評価することにした。品質計画におけるこの手法を統計的サンプリングという。

．．．

　解答　×　統計的サンプリングは，母集団から標本を抜き出して検証することで母集団の特性を推定する手法。問題文は「ベンチマーク」の説明。

索引

城田 比佐子

お茶の水女子大学理学部卒。住友商事でシステムの企画を担当。その後，NEC教育部，駿台電子専門学校，（株）TACなどで情報処理教育に携わる。現在はフリーインストラクタとしてIT全般における教育，コミュニケーション系の教育，書籍執筆，教材作成などに従事している。著書に『情報処理教科書　出るとこだけ! ITパスポート テキスト&問題集』（翔泳社），『3週間完全マスター　基本情報技術者』『同　応用情報技術者』『プログラミング未経験者のための基本情報技術者 午後 プログラム言語』（共著，すべて日経BP社）などがある。

イラスト	二階堂ひとみ
装丁	武田厚志（SOUVENIR DESIGN INC.）
本文デザイン	武田厚志・木村笑花（SOUVENIR DESIGN INC.）
DTP	株式会社 シンクス

情報処理教科書 イラストで合格!
ITパスポート キーワード図鑑

2021年1月29日　初版　第1刷　発行
2024年4月20日　初版　第2刷　発行

著　者	城田 比佐子（しろた ひさこ）
発行人	佐々木 幹夫
発行所	株式会社 翔泳社（https://www.shoeisha.co.jp）
印　刷	昭和情報プロセス株式会社
製　本	株式会社 国宝社

©2021　Hisako Shirota

ISBN978-4-7981-6767-1　Printed in Japan